珊瑚礁海岸水沙动力学

姚 宇 蒋昌波 著

科学出版社

北 京

内 容 简 介

本书系统地介绍了珊瑚礁海岸水沙动力学理论知识、研究方法与工程应用等。水动力学方面包括珊瑚礁海岸波浪传播变形、波浪增水、波生流、低频长波和海啸波的运动；泥沙动力学方面包括珊瑚礁海岸沉积物运动及珊瑚砂岛演变；研究方法方面介绍了四种常用于珊瑚礁海岸水动力研究的数值模拟方法；另外介绍了珊瑚礁冠层尺度下的水沙动力学；工程应用方面介绍了工程活动影响下珊瑚礁海岸水动力学和人工礁与生态防浪设施。

本书可供高等院校水利工程、海洋工程学科的研究生及高年级本科生阅读，也可作为海岸和海洋工程相关领域的教研人员和技术人员的参考用书。

图书在版编目(CIP)数据

珊瑚礁海岸水沙动力学 / 姚宇，蒋昌波著．—北京：科学出版社，2023. 10

ISBN 978-7-03-076747-9

Ⅰ. ①珊…　Ⅱ. ①姚…　②蒋…　Ⅲ. ①珊瑚礁-海岸-海洋动力学　Ⅳ. ①P731. 2

中国国家版本馆 CIP 数据核字（2023）第 202636 号

责任编辑：李晓娟 / 责任校对：张小霞
责任印制：徐晓晨 / 封面设计：无极书装

科学出版社 出版
北京东黄城根北街 16 号
邮政编码：100717
http://www.sciencep.com

北京九州迅驰传媒文化有限公司印刷
科学出版社发行　各地新华书店经销

*

2023 年 10 月第　一　版　开本：787×1092　1/16
2024 年　8　月第二次印刷　印张：9 1/2
字数：200 000

定价：118.00 元

（如有印装质量问题，我社负责调换）

前　言

南海珊瑚岛礁是我国宝贵的陆地资源，也是建设“海上丝绸之路”和维护海洋权益的关键节点，关乎国家主权核心利益。近年来，远海复杂动力环境中进行工程建设遇到的珊瑚砂的流失、生态环境保护等问题急需相关的水沙动力学理论作为支撑，我国在珊瑚礁海岸水沙动力学基础研究方面起步晚，出现了研究成果远远落后于工程实际需求的状况。

珊瑚礁海岸的天然地貌环境迥异于其他海岸，近岸动力条件复杂，波浪、潮汐、风和洋流等因素之间存在强非线性耦合作用。尤其在近年来，受全球气候变化的影响，风暴潮等海洋灾害频次和强度均有增加的趋势，严重威胁我国岛礁工程设施的安全。另外，珊瑚礁作为天然的海岸防护屏障和重要的海洋生态系统，受全球气候变化导致的海水变暖、海水酸化、海平面上升等的影响，全球的珊瑚礁正面临着普遍的退化问题，我国珊瑚礁海岸的保护面临更加严峻的挑战。再者，随着我国社会经济的发展，珊瑚礁海岸带的开发与可持续发展需求不断增强，海岸工程建设开发也从单一的安全性、功能性要求转向兼顾生态和谐、绿色低碳、经济环保的新理念。

针对上述问题，作者十几年来系统深入地开展了珊瑚礁海岸水沙动力学基础理论的研究，在珊瑚礁海岸防灾减灾机理与关键技术研究、珊瑚礁海岸水动力泥沙运动特性及其工程应用、人工礁及生态护岸设施研发等方面取得了一系列的研究成果，相关设计理论和方法已应用于国内多家工程单位的实际工程项目中。在此基础上，作者基于研究工作积累并结合国内外的相关研究现状，撰写了本书，希望可以为国内从事相关领域工作的学者和工程师提供有益借鉴，亦可以作为相关学科研究生的参考用书。

本书共分为 10 章。第 1 章介绍本书所涉及领域的研究背景及研究意义；第 2 章介绍珊瑚礁海岸波浪传播变形；第 3 章介绍珊瑚礁海岸波浪增水与波生流；第 4 章介绍珊瑚礁海岸低频长波运动；第 5 章介绍海啸波与珊瑚礁海岸的相互作用；第 6 章介绍珊瑚礁海岸水动力学数值模拟；第 7 章介绍珊瑚礁海岸沉积物运动及珊瑚砂岛演变；第 8 章介绍珊瑚礁冠层水沙动力学；第 9 章介绍工程活动影响下珊瑚礁海岸水动力学；第 10 章介绍人工礁与生态防浪设施。

本书各章节由长沙理工大学姚宇主持撰写，陈龙、施奇佳博士和研究生李张妍、李长慎、吴际、彭尔曼、李壮志、韩秀琪、周宝宝、旷敏、赵承志等在书稿撰写过程中提供协助，全书由姚宇和蒋昌波进行统稿和修订。

本书介绍的部分研究工作得到国家自然科学基金、国家重点研发计划课题的资助，并征询了天津大学、河海大学、浙江大学、中国科学院南海海洋研究所、交通运输部天津水运工程科学研究院等科研单位相关专家的意见和建议，在此一并表示感谢！

限于作者水平，书中难免存在疏漏和不足之处，恳请广大读者给予批评指正。

作　者

2023 年 3 月

目　　录

第1章 绪　　论

1.1 研究背景

珊瑚礁是由碳酸钙组成的珊瑚虫骨骼在数百年至数千年的沉积过程中形成的，广泛分布于热带和亚热带浅海地区。珊瑚礁具有极高的生物多样性，素有“蓝色沙漠中的绿洲”“海洋中的热带雨林”的美誉。它是4000多种鱼类和800多种珊瑚的家园，并孕育着众多鲜明而珍异的生物，它们彼此共生共栖，形成了五彩斑斓、令人叹为观止的海底生态奇观。全球直接或间接依赖珊瑚礁生态系统生存的人口数量达到数亿，中国海域亦有着十分丰富的珊瑚礁资源，分布在西沙、南沙、台湾以及海南岛等地，它们均位于世界珊瑚礁种类最为丰富的“珊瑚金三角”的北缘，是全球珊瑚礁生态系统的重要组成部分。在众多珊瑚礁类型中，岸礁（fringing reef）、堡礁（barrier reef）、环礁（atoll reef）是最为常见的三类（图1.1）。一个典型的珊瑚礁海岸由连接深海海床且较陡的礁前斜坡、延伸向岸滩的相对水平的礁坪组成，在礁前斜坡与礁坪相接的礁缘处常常存在一个隆起的礁冠，在礁坪和岸滩之间可能存在一个较深的潟湖。在影响珊瑚礁水动力过程的若干海洋动力因素（波浪、潮汐、风和洋流等）中，波浪作用被广泛认为是最重要的影响因素（Monismith，2007）。

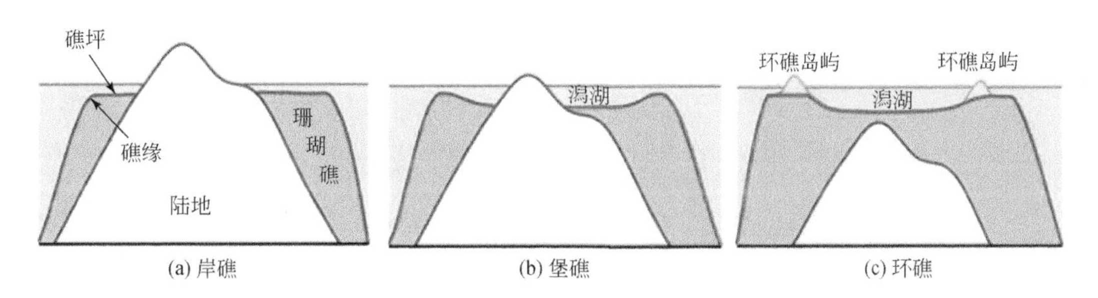

图1.1　不同类型的珊瑚礁（Woodroffe，2002）

珊瑚礁是地球上最多样化的生态系统之一。然而，随着经济社会的发展，珊瑚礁资源开发利用与环境承载力之间的矛盾日益凸显，珊瑚礁面临的威胁广泛且日益加剧，包括过度捕捞、海岸开发、农田径流等地方区域性威胁。更重要的是，全球气候变化已经开始以多种方式加剧其对珊瑚礁造成的不良影响。海洋变暖已经对珊瑚礁造成了广泛的破坏，高温导致了一种名为“珊瑚白化”的应激反应，使得珊瑚失去了色彩斑斓的共生藻类，仅剩下白色的骨架，最终珊瑚死亡珊瑚礁退化，如著名的1998年全球范围的珊瑚白化事件，导致全球约16%的珊瑚死亡（Oliver et al.，2018），而2016年全球珊瑚白化事件使得世界最大最长的珊瑚礁群——澳大利亚大堡礁（The Great Barrier Reef）有29%的活珊瑚因白化死去。据统计，1980～1997年，全球观测并报道了大约370次珊瑚白化事件，而在1998～2010年超过3700次（Burke et al.，2011）。近年来，海洋温度异常升高的现象有所增加，这将导致珊瑚白化更为频繁、严重和广泛（Eakin et al.，2019）。此外，不断增加的二氧化碳排放量正在逐渐加剧海洋酸化。海洋酸化会减缓珊瑚的生长速度，如果不加以控制，可能会弱化它们维持物理结构的能力。地方区域性威胁再加上全球变暖和海洋酸化，珊瑚礁越来越容易受到强风暴、虫害（如长棘海星爆发）、海水温度和浊度的变化等的干扰与破坏。这种破坏的典型表现是活珊瑚面积减少，藻类覆盖增加，物种多样性减少，鱼类丰度降低。尽管有研究表明珊瑚是具有弹性的，可以从特定威胁的影响中恢复过来，但是如果人类不加以重视并采取措施，我们很可能会看到这些宝贵的生态系统崩溃，原有的天然防护屏障不复存在，珊瑚礁急剧退化加剧海岸侵退、淹没进程，这将严重威胁珊瑚礁沿岸地区人类的生存环境。

南海珊瑚岛礁是我国宝贵的陆地资源，也是建设“海上丝绸之路”和维护海洋权益的关键节点，关乎国家主权核心利益。近年来，我国在南海岛礁开展了一系列填海造陆工程，建设了相关的基础设施，并以此为依托逐步推进南海油气、渔业、旅游等资源的利用。因此针对南海岛礁的开发与保护已成为推进“一带一路”倡议和“海洋强国”战略的重大需求。珊瑚岛礁海岸的天然动力地貌环境迥异于其他海岸，波浪作为最主要的海洋动力因素，其在珊瑚礁海岸陡变地形上的传播变形、破碎、增水、波生流、爬高等水动力过程有其复杂性和特殊性（姚宇，2019），在海岸动力学理论基础上，需要对珊瑚礁海岸独特的水动力环境有更深刻的认识。我国在珊瑚礁海岸水动力学基础研究方面起步晚，南海填礁成陆工程在国际上也无先例可循，出现了基础理论远远落后于工程实际需求的状况，亦急需相关的水动力学理论的支撑。

1.2 研究意义

1.2.1 生态系统维持

珊瑚礁海岸水动力学涉及的流体运动范围十分广泛，大至数十公里区域范围内的潮汐运动，中至水平礁面尺度几百米到几千米范围内的波浪运动，小至数米范围内珊瑚冠层及其内部分支结构中的湍流运动，它们无一不对珊瑚礁生态系统的繁衍和珊瑚礁海岸生态环境的维持具有重要意义。首先，在广袤的全球海域内由海洋动力作用产生的区域性环流和不同理化性质的水团通过控制海洋生境和珊瑚礁幼虫的扩散范围，从而控制珊瑚生物体的地理分布（Lowe and Falter，2015）。其次，对于中等尺度下（与珊瑚礁坪规模相当）的波浪运动，以往现场观测研究表明，波浪在礁缘附近破碎产生的增水驱动了礁坪上的向岸流；同时由于礁坪在沿岸方向的分布往往是不连续的，间隔存在连通潟湖和外海的口门，因此沿岸分布不均的增水会在礁坪上和潟湖内驱动沿岸流，并汇入口门内以裂流的形式返回外海，形成水平二维的波生环流（Monismith，2007）。该近岸环流是珊瑚礁海域营养物质、幼虫、珊瑚砂（coral sand）等发生水平输运的主要物理驱动力，对于维持珊瑚礁生态系统的健康和珊瑚礁海岸岸线演变均具有重要的意义。最后，对于珊瑚礁海岸水环境中最小尺度的湍流而言，它通过控制礁床与上覆水体之间的垂向交换，决定了热量、食物、珊瑚幼虫等的垂向运输（Davis et al.，2021），这对于维持底栖生物生长、光合作用、呼吸作用等关键新陈代谢过程至关重要（Lowe，2005）。

1.2.2　海岸防灾减灾

当今全球气候变化，南海附近强台风频发，南海也是我国海啸灾害高风险区，相对于大陆沿岸，风暴潮、海啸影响下的南海岛礁工程防浪建筑物的安全面临更为巨大的挑战。尽管学术界普遍认为珊瑚礁是海岸线的天然屏障，但是文献中时常有低海拔珊瑚礁沿岸在风暴潮的作用下发生洪涝灾害的报道（Hoeke et al.，2013；Merrifield et al.，2014）。波浪爬高是评估海岸洪水最重要的指标，珊瑚礁海岸波浪爬高一般由短波、低频长波（又称亚重力波）和增水成分构成，其中低频长波运动对爬高的贡献起主要作用（Merrifield et al.，2014）。这是因为珊瑚礁在垂直于海岸的方向是半封闭地形，低频波在某些条件下特别是台风暴带来的水位升高条件下会发生共振现象，即在岸线附近产生增水放大效应，反而加剧海岸洪涝灾害的风险。传统的珊瑚礁海岸的洪涝灾害风险评估一般采用基于水动力过程的预测模型，存在计算速度慢，对水动力计算基础资料要求高的特点。我国南海岛礁地处远海，现场观测资料获取困难，基础水文地质资料匮乏。如何利用先进的手段基于有限的实测资料实现对台风风暴潮等引起的极端波浪进行快速和准确预报，对于有效地指导远海岛礁防浪护岸工程实践同样具有十分重要的意义。

1.2.3　海岸演变预测

珊瑚砂是由多孔的珊瑚礁在外力作用（风浪和潮流等）和风化作用（侵蚀、破碎、打磨）下形成的钙质碎屑物，某些鱼类（如鹦嘴鱼）啃噬珊瑚礁所产生的排泄物亦是其重要来源。特殊的海洋生物成因和海洋沉积环境，使其宏观物理力学特性与陆源石英砂性质迥异。这些物理性质的差异再加上珊瑚礁特有的地形地貌导致波浪作用下的珊瑚礁海岸附近珊瑚砂的运动特性与一般的沙质岸滩有着显著不同。珊瑚砂岛（reef island）通常是环礁上由珊瑚沉积物、生活在珊瑚礁上死亡的微生物和珊瑚礁周围的卵石堆筑的岛屿，其大小、形态不一，是岛礁区适合人类生活的栖息地之一（Kench et al.，2012），较大的珊瑚砂岛还可供植被生长。近年来，因全球气候变化带来的海平面上升和强台风多发导致的极端波浪事件会影响低海拔珊瑚砂岛的稳定性（Ford and Kench，2016），且有研究表明，海平面上升可能使低洼砂岛在未来几十年后不再适合居住（Storlazzi et al.，2018）。南海的珊瑚砂岛是我国重要的海上国土资源，涉及我国的领土权益，而珊瑚砂的运动作为珊瑚砂岛海岸冲淤演变过程的关键环节，对岛屿既有岸线的维持具有重要的影响。由于南海珊瑚砂岛地理位置偏远，现场资料获取困难，长期以来对珊瑚砂的运动规律、珊瑚砂流失的部位、路径和流失机理等缺乏足够的认识，关于砂岛水文条件、地貌特征等方面的资料积累甚少，因此开展天然和人工珊瑚砂岛周围泥沙输运和岸线演变问题研究具有十分重要的现实意义。

1.2.4 岛礁开发与保护

我国在南海珊瑚岛礁周围进行的填礁造陆工程已接近完成，此类工程多建设在珊瑚环礁上。工程建成后基础设施在远海复杂海洋动力环境下的安全性问题和附近的生态环境修复问题日益受到关注。目前，我国在南海新填筑的岛礁上尚存在亟待解决的两个技术瓶颈问题：第一，岛礁人工防浪建筑物一般建设在新填筑的礁坪上，工程建设周期短，地质条件相对薄弱，此类人工岸线面临台风风暴潮等极端自然灾害及长期自然力（包括风、浪、流、潮）的侵蚀、掏蚀过程，局部地区已发生地基液化和珊瑚砂的流失进而出现坍塌、崩岸等影响基础稳定性的问题；第二，被誉为海洋中的“热带雨林”的珊瑚礁是极其宝贵的生态系统。当前全世界包括我国南海在内的众多珊瑚礁由于全球气候变化和人类活动的影响正面临严重的退化问题，急需进行生态恢复。2016 年国家海洋局印发《全国生态岛礁工程“十三五”规划》，明确了生态岛礁工程建设的指导思想、基本原则和工程目标。因此，大力倡导生态岛礁建设，对珊瑚礁生态系统开展系统修复工程，是面向海洋绿色开发利用的重点内容之一。而运用新技术和新材料设计人工生态礁块，不仅能减轻礁后岸线的波浪荷载，还能兼顾生态效益，是一种十分有前景的技术解决方案。

1.3 研究思路

本书重点介绍珊瑚礁海岸水沙动力学的基本理论及其最新研究进展，主要涉及珊瑚礁海岸复杂动力地貌环境下水动力基本规律研究、珊瑚礁海岸水动力模拟新型数值模式研究、珊瑚礁海岸防灾减灾机理及其对工程活动的响应机制研究和珊瑚礁海岸新型生态护岸技术研究四大方面的内容，本书共由 10 章组成，各章节主要内容如下。

第 1 章主要讲述本书所涉及领域的研究背景，论述珊瑚礁海岸水沙动力学在珊瑚礁生态系统维持、海岸防灾减灾、海岸演变预测、岛礁开发与保护方面的意义。

第 2 章分别从波浪破碎特性和波浪传播特性（折射、反射、透射、能量耗散等）两个方面总结了国内外珊瑚礁海岸波浪运动特性的研究现状。

第 3 章主要总结了国内外珊瑚礁海岸波浪增水与波生流的研究现状，同时探讨了潮流对于增水和波生流的影响。

第4章主要总结了国内外珊瑚礁海岸低频长波运动的研究现状，同时还介绍了基于机器学习方法在珊瑚礁海岸防灾减灾方面的一些应用。

第5章主要介绍了珊瑚礁在抵御海啸中发挥积极作用以及对于海啸波与珊瑚礁海岸相互作用的实验方法。

第6章主要从波流耦合模型、Boussinesq模型、非静压模型和基于直接求解Navier-Stokes方程的模型这四类模型出发，总结了珊瑚礁海岸水动力特性的模拟方法。

第7章主要从碳酸盐沉积物物理特性、运动特性、输运过程以及珊瑚砂岛的演变过程总结了珊瑚礁海岸泥沙动力学的研究现状。

第8章主要从冠层附近流动特性、冠层阻力特性、冠层阻力的模拟方法以及冠层附近泥沙输运特征四个方面总结了珊瑚礁冠层水沙动力学的研究现状。

第9章主要介绍了珊瑚礁海岸分别存在的两种工程活动（防浪建筑物和人工采掘坑）影响下的珊瑚礁海岸水动力学。

第10章主要总结了人工礁的选材和结构设计、人工礁的水动力特性和生态效应研究以及人工礁的工程应用。

参考文献

姚宇. 2019. 珊瑚礁海岸水动力学问题研究综述. 水科学进展，30（1）：139-152.

Burke L，Reytar K，Spalding M，et al. 2011. Reefs at Risk Revisited. Washington：World Resources Institute：114.

Davis K A，Pawlak G，Monismith S G. 2021. Turbulence and Coral Reefs. Annual Review of Marine Science，113（1）：343-373.

Eakin C M，Sweatman H P A，Brainard R E. 2019. The 2014—2017 global-scale coral bleaching event：insights and impacts. Coral Reefs，38：539-545.

Ford M R，Kench P S. 2016. Spatiotemporal variability of typhoon impacts and relaxation intervals on Jaluit Atoll，Marshall Islands. Geology，44（2）：159-162.

Hoeke R K，McInnes K L，Kruger J C，et al. 2013. Widespread inundation of Pacific islands triggered by distant-source wind-waves. Global and Planetary Change，108：128-138.

Kench P，Smithers S，McLean R. 2012. Rapid reef island formation and stability over an emerging reef flat：Bewick Cay，northern Great Barrier Reef，Australia. Geology，40（4）：347-350.

Lowe R J，Falter J L. 2015. Oceanic forcing of coral reefs. Annual Review Marine Science，7：43-66.

Lowe R J. 2005. Oscillatory flow through submerged canopies：2. Canopy mass transfer. Journal of Geophysical Research，110：C10017.

Merrifield M A，Becker J M，Ford M，et al. 2014. Observations and estimates of wave-driven water level extremes at the Marshall Islands. Geophysical Research Letters，41（20）：7245-7253.

Monismith S G. 2007. Hydrodynamics of coral reefs. Annual Review of Fluid Mechanics，39：37-55.

Oliver J K，Berkelmans R，Eakin C M. 2018. Coral Bleaching in Space and Time//van Oppen M J H，Lough J M. Coral Bleaching：Patterns，Processes，Causes and Consequences. Berlin：Springer：27-49.

Storlazzi C D，Gingerich S B，van Dongeren A，et al. 2018. Most atolls will be uninhabitable by the mid-21st century because of sea-level rise exacerbating wave-driven flooding. Science Advances，4 (4)：eaap9741.

Woodroffe C D. 2002. Reef Coasts，Coasts：Form，Process，and Evolution. Cambridge：Cambridge University Press：640.

第2章 珊瑚礁海岸波浪传播变形

2.1 引　言

珊瑚礁海岸地形通常变化剧烈，水深由远海处几千米急速变化到礁冠附近的几米。珊瑚礁这种复杂的地貌结构产生了不同于沙质海岸系统的水动力环境，在礁前斜坡和外礁坪之间存在相对较深的水域向浅水的快速过渡，导致波浪发生了包括浅化、折射、反射、透射和破碎等在内的剧烈的传播变形过程，并通常伴随着强烈的底摩擦耗散（Monismith，2007）。如图2.1所示，波浪从深海传播至礁前斜坡时由于浅化作用而变陡，在礁缘处通常发生破碎并损耗大量的能量，破碎带通常会在礁坪上延伸一段的距离，随后破碎作用停止并重新生成垂直于海岸方向的行进波，所以珊瑚礁地形上并不存在一个类似于平底海岸的冲流带（swash zone）（姚宇等，2015a）。在正常海况下，70%～90%的入射波浪能量会通过礁冠处的破碎而耗散，再加上礁面的摩阻损耗，最终到达海岸的波浪几乎可以忽略（ferrario et al.，2014）；同时，在礁坪上可观测到的波谱显著变宽，部分波能向高频波和低频波转移（Young，1989）。珊瑚礁作为海岸线的天然屏障，其上的波浪能量耗散在塑造珊瑚礁海岸形态和控制底栖生物生长方面发挥着重要作用，这对维持珊瑚礁生态系统的健康至关重要（Huang et al.，2012）。

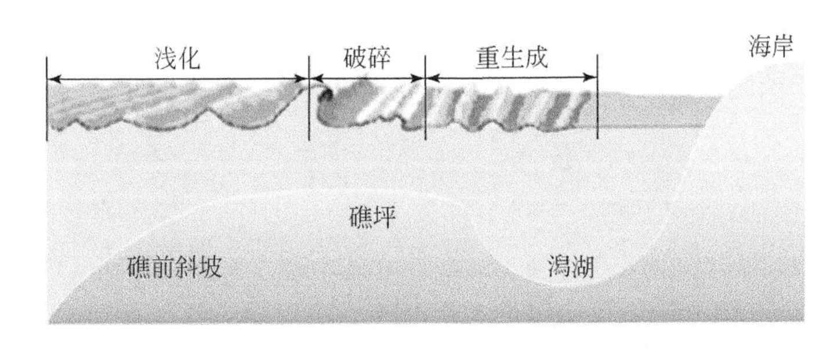

图2.1　波浪在珊瑚礁海岸地形上的传播变形（Monismith，2007）

2.2 波浪破碎特性

2.2.1 现场观测

受水深控制的近岸波浪破碎被认为是珊瑚礁海岸波浪能量耗散的一个主要机制（Young，1989；Gourlay，1994；Massel and Gourlay，2000；Lowe et al.，2005）。与沙质岸滩上的波浪破碎类似，礁坪上的波高与水深之比 γ（通常称为破碎指标）是控制波浪破碎的决定因素（Gourlay，1994；Hardy and Young，1996）。文献中，对于不同地点的珊瑚礁，通过现场观测或者物理模型实验研究报道的 γ 值通常在 0.26 ~ 0.8（Nelson，1994；Hardy and Young，1996；Brander et al.，2004；Harris and Vila-Concejo，2013；Costa et al.，2016），其中缓坡礁坪上的值一般小于 0.55（Nelson，1994）。Hardy 和 Young（1996）还观察到 γ 值与礁坪位置有关，γ 随距礁缘距离的增加而减小。同样，Brander 等（2004）在澳大利亚托雷斯（Torres）海峡的 Warraber 岛进行的一项珊瑚台礁地形沿礁波浪特性和波浪能时空分布的研究中亦发现 γ 值与礁坪的位置有关，不同的是，该研究延伸到包括礁后潟湖和沙滩在内更广泛的区域。Harris 等（2018）对澳大利亚大堡礁南部 One Tree 礁现场观测数据进行分析后发现了类似的结论：该礁上 γ 值并不是一个常数，而是随着礁坪位置和当地水深的不同而变化，γ 的平均值在靠近礁冠的外礁坪最大，向靠近潟湖的内礁坪逐渐降低，水深较浅时最为明显，此时外礁坪 $\gamma > 0.85$ 和内礁坪 $\gamma < 0.1$。上述一系列研究表明，由于全球各地珊瑚礁在地貌形态和水动力环境存在差异性，目前尚无一个统一的具有普遍适用性的公式预测 γ 值，但是学者们普遍认可珊瑚礁地形上的 γ 值一般小于沙质岸滩的工程常用经验值 $\gamma = 0.8$。

2.2.2 物理模型实验

现场观测需耗费大量的资源，并且仅能获取特定时间段某些观测站的数据，由于珊瑚礁形态和海洋动力因素的复杂性，一些学者开始通过可控的物理模型实验来系统地研究波浪与珊瑚礁的相互作用问题。对于波浪在珊瑚礁地形上的破碎特性问题，Smith 和 Kraus（1991）最早研究了类似珊瑚礁的沙坝地形上的波浪破碎问题，讨论了破碎类型、破碎波高、破碎带宽度等的变化规律与沙质岸滩结论间的差异。Gourlay（1994）通过实验室研究分析波浪在陡峭的礁前斜坡和底坡缓变的礁坪上的破碎特性，发现对于所测的单一深水波陡而言，破碎点位置可由一个非线性参数来描述。Yao 等（2013）采用物理模型实验系统地分析了破碎波类型、破碎位置、破碎带宽度、破碎指标等特征随礁坪水深和礁前斜坡坡度的变化规律，发现礁坪相对水深（礁坪水深与深水波高的比值）是控制波浪破碎特性最重要参数，与沙质海岸由破浪破碎相似系数控制存在显著不同，并给出了相关特征参数的经验预测公式。Yao 等（2017）在实验室中测量了珊瑚礁礁冠对于波浪传播变形的影响，发现礁冠的存在使波浪破碎点向远海侧移动；冠顶越宽，波浪破碎越剧烈，破碎带越窄。随后，Kouvaras 和 Dhanak（2018）开展了规则波与岸礁相互作用的实验，为训练神经网络模型提供了数据，并预测了波浪破碎类型、破碎位置和破碎过程中的能量耗散等特征。Xu 等（2019）在坡度为 1∶5 的概化珊瑚岸礁地形上进行的规则波和不规则波破碎实验中发现破碎点的 γ 值与入射深水波陡和破碎点相对水深（破碎点水深与深水波长的比值）有关，并提出了一种新的描述波浪破碎的判据。然而，上述实验室研究一般都忽略了潮流的影响，只关注礁坪潮位（水位）的作用。Yao 等（2019a）首次通过波流水槽实验采用正反向的恒定流来模拟潮流的影响，研究了珊瑚礁地形上规则波的传播变形和破碎问题；结果表明：反向流使波浪破碎点向远海侧移动，正向流则相反；正向流的存在能够显著地增大破碎带相对宽度和减小波浪破碎（波高）指标（破碎点波高与深水波高的比值），反向流则反之；破碎（水深）指标（破碎点波高与破碎点水深的比值）则对潮流的方向和大小变化均不敏感。最近，Yao 等（2021）考虑了珊瑚礁礁面粗糙度对波浪破碎特性的影响，在实验室中使用不同密度和排列的圆柱体阵列来模拟不同的礁面粗糙度，分析了表面粗糙度对波浪破碎和透射特性的影响，发现礁面粗糙度的增加会不同程度地影响破碎带类型、破碎带宽度和破碎指标，并给出了相关经验预测公式。

在国内文献中，张庆河等（1999）利用物理模型实验总结了规则波在类珊瑚礁的台阶地形上的破碎规律，得到了描述波浪临界破碎、破碎带宽度及波浪衰减规律的经验公式。近 10 年来，这方面的研究报道迅速增加，如梅弢和高峰（2013）通过物理模型实验模拟了常年平均波浪和重现期为 50 年两种波浪条件，发现波浪破碎表现为行进波破碎，且小于波浪在一般缓坡地形上的破碎指标，γ 值为 0.5 左右，重现期 50 年大浪时礁缘处最大可达 0.76。柳淑学等（2015）在实验室中对规则波和不规则波在珊瑚礁上的破碎及波高变化进行了研究，结果表明，波高较小时，波浪破碎发生在礁坪上，但随着入射波高增大，破碎位置向迎浪方向移动，直至在礁前斜坡上破碎；对规则波，破碎出现在同一位置，随波高增大由崩破变为卷破；对不规则波，破碎出现在一个区域并在礁坪上以卷破波为主。柳淑学等（2017）在波浪港池中对三维波浪在岛礁地形周围的传播特性进行了实验研究，发现随着入射波高的增大，破碎位置向来浪方向移动，破碎指标与入射波陡相关，斜向波浪传播则受入射角的影响。诸裕良等（2018）针对复合坡度地形开展了一系列的波浪水槽实验，重点研究了波浪破碎类型的区分标准，评估了已有四类破碎指标在复合坡度珊瑚礁地形上的适用性，并给出了描述破碎位置和破碎带宽度的经验公式。任冰等（2018）通过物理模型实验研究了规则波在陡峭珊瑚礁地形上的传播、变形和破碎特性，同样发现当礁坪上淹没水深较大时，波浪在礁坪上发生破碎；当礁坪上淹没水深较小时，波浪在礁前斜坡上发生破碎（图 2.2）。

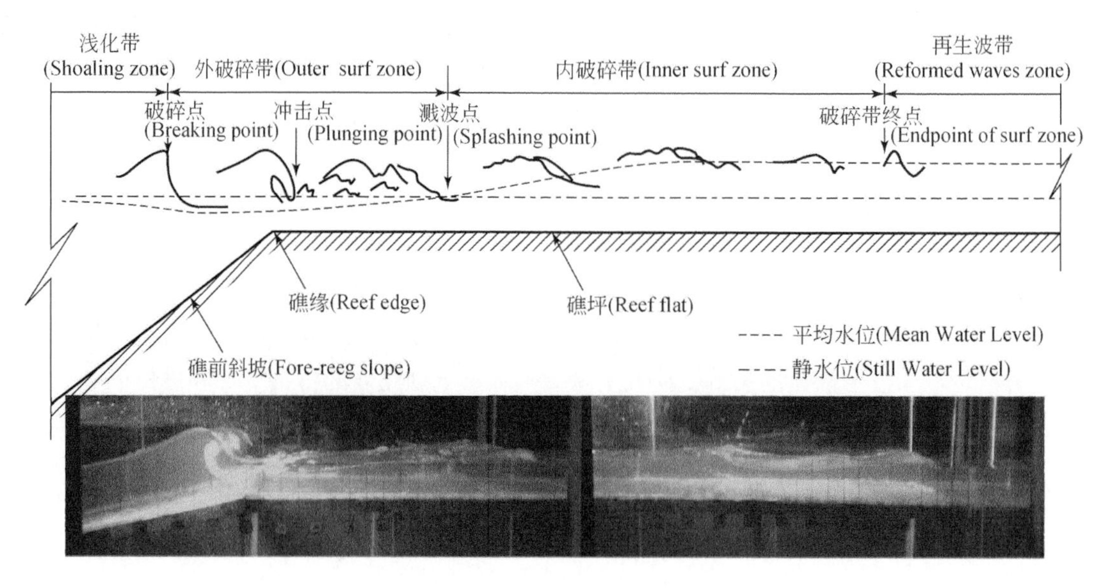

图 2.2　岸礁礁缘附近波浪的破碎过程（姚宇等，2015a）

2.3　波浪传播特征

2.3.1　现场观测

国外文献中对于波浪传播特性的现场观测的研究报道非常丰富，研究地点遍及了太平洋、印度洋、地中海、加勒比海等地的珊瑚礁。许多从事野外观测的学者通过对波浪的沿礁测量侧重于分析垂直岸线方向的波浪衰减规律。例如，Young（1989）对澳大利亚大堡礁北段带状珊瑚礁中的 Yonge 礁进行了现场观测，采用底床摩阻和波浪破碎理论模型分析了波浪在珊瑚礁上传播时的衰减率，发现波浪沿礁衰减非常显著，波谱有明显的变平和变宽；同时折射和绕射等三维效应也会导致该礁附近波高大幅降低。Hardy 和 Young（1996）对大堡礁中部的 John Brewer 礁进行了现场观测，分析了波浪在珊瑚礁地形上的变形和衰减，发现有效波高与波谱均受礁坪水深的显著影响，当潮位较高时，礁坪上的波谱与相应的入射波谱相似，但低频部分能量衰减较大；当潮位较低时，由于波浪破碎和底部摩擦，会产生更大的能量损失，且大部分损失来自谱峰附近，并且能量向高次谐波方向移动。Lugo-Fernández 等（1998a）在美国 Saint Croix 岛北岸的 Tague 礁不同时段进行的三次测量分析发现，波浪向岸传播经过礁前斜坡破碎后，能量耗散 65% ~71%，随后波浪继续传播至内礁坪后，耗散达到 78% ~88%；潮汐引起的水深变化会影响波浪传播过程中能量耗散；对于该珊瑚礁系统，礁面糙率造成的波能耗散相对于波浪破碎导致耗散更为显著。随后，Lugo-Fernández 等（1998b）通过在美属维尔京（Virgin）岛加勒比礁的现场观测进一步分析了潮汐对波浪衰减的影响，发现波浪在珊瑚礁地形上传播时，能量在峰值频率附近存在显著的耗散，礁前斜坡和礁冠之间的能量减少了 62%，礁前斜坡和潟湖之间的能量减少了 90%；礁冠水深的降低加剧了波浪的破碎并增加了能量耗散，波浪能量衰减在低潮位时比高潮位时更显著。Brander 等（2004）在澳大利亚托雷斯（Torres）海峡 Warraber 岛的某处珊瑚礁礁坪开展了现场观测，研究了中等潮汐环境珊瑚礁坪波浪特征和波浪能的时空变化，发现珊瑚礁地形的变化会对礁坪波浪特征产生一定影响；在常浪条件下，波浪能量作用于珊瑚礁礁坪的时间最短；在该类宽礁坪上，礁冠处的水深对波浪作用的影响更为显著。Ferrario 等（2014）综合了印度洋、太平洋和大西洋等地共 255 个关于珊瑚礁区域波浪衰减的研究，通过提取其中 27 个文献中的数据进行分析以评估珊瑚礁在耗散波浪能方面的有效性，结果表明，珊瑚礁的存在平均减少了 97% 的波浪能，为海岸提供了实质性的保护；大部分（86%）波浪能在礁冠处消散，礁坪大约耗散了剩余波浪能的一半，并且大部分波浪能是消耗在外礁坪（即靠近礁冠的 150m），这意味着即使是狭窄的礁坪也能有效地造成波浪衰减。最近，Sous 等（2019）对新喀里多尼亚的 Ouano 堡礁系统 2 个月实测数据进行了分析，发现该堡礁系统相当于一个入射波能过滤器，其效率与水深相关；该系统中还存在非常低频的驻波模式（详见第 4 章），是由堡礁的内礁缘反射或潟湖后的海岸反射造成。

根据相关现场观测的文献报道，珊瑚礁礁面糙率往往比沙质岸滩高出 1 ~ 2 个数量级并且空间分布极其不均匀，许多学者进一步分析了波浪衰减与礁盘摩阻之间的关系。例如，Lowe 等（2005）在夏威夷瓦胡（Oahu）岛卡内奥赫（Kaneohe）湾的堡礁进行了为期两周的现场观测，分析了波浪能在堡礁上的耗散过程，发现在常浪条件下，礁坪上的波浪能量主要通过底部摩擦耗散，礁前斜坡处则通过底部摩擦和波浪破碎共同耗散，且两种机制损耗的能量相近。Lowe 等（2009）在夏威夷卡内奥赫湾的某珊瑚礁系统进行了长达 10 个月的观测，发现因底部摩擦引起的波浪能损耗会大于波浪破碎造成的耗散：一方面是由于当地礁前斜坡较缓，波浪破碎之前已经在斜坡上发生了由底部摩擦造成的显著的能量耗散；另一方面是由于礁前缓坡改变了破碎点的位置，并造成波浪破碎耗散分布在更宽的破碎带上。随后，Péquignet 等（2011）对关岛 Ipan 岸礁进行了现场观测，发现向岸传播的短波能量中，80%、18% 和 2% 的波浪能量耗散分别是由波浪破碎、粗糙外礁坪的底部摩擦和宽阔内礁坪的底部摩擦造成。最近，Lentz 等（2016）在红海东部某台礁进行了为期 18 个月的波浪观测，并利用 Thornton 和 Guza（1983）开发的理论模型分析了波浪的传播过程，发现该礁破碎带内的波能耗散由波浪破碎主导，其余位置的波能耗散则由礁面糙率主导；模型中的摩擦系数会随着入射波高和水深的变化而变化。

国内文献对于波浪传播方面的现场观测研究鲜有报道，黎满球等（2003）根据南沙永暑礁实测的海浪资料，分析了波浪在礁坪上传播的衰减特性和波浪能量的转移。刘小龙等（2018）在南海沙质地浅水区域和珊瑚礁地质浅水区域开展了波浪衰减实测工作，并基于动谱平衡方程波浪模型的处理方法定量获得了波浪衰减系数，得出珊瑚礁坪上的波浪衰减值为 $0.485m^2/s^3$，比沙质岸滩高出一个量级。

2.3.2 物理模型实验

现场观测由于存在复杂的海洋动力环境的影响，部分学者采用了可控的物理模型实验来研究波浪传播变形问题。例如，Demirbilek 等（2007）将关岛东南海岸某处的珊瑚岸礁概化为由礁后岸滩、平坦礁坪和带复合坡度的礁前斜坡组成，通过风浪水槽实验测量了有风和无风的情况下珊瑚礁上不规则波的传播变形过程，包括波高的沿礁分布、波谱的沿礁演变、波浪岸滩爬高等。姚宇等（2015a）通过物理模型实验研究了珊瑚岸礁破碎带附近的波浪入射、反射、透射以及能量衰减规律，结果表明，破碎带宽度与礁坪上浅水波波长为同一数量级，并与礁坪相对水深成反比；透射系数随礁坪相对水深的增大呈线性增长，而反射系数的变化却无类似规律；礁体能够削弱超过 50% 入射波能，礁坪相对水深越小，波浪破碎造成的能量耗散越大。随后，姚宇等（2015b）通过物理模型实验研究了礁冠的存在对于珊瑚礁上波浪传播变形以及增水产生的影响，发现礁冠能显著改变波浪在礁坪边缘的传播变形过程，尤其是波浪破碎强度和高频波的产生。邹丽等（2017）亦通过波浪水池测量了畸形波在岛礁地形下的演化过程，发现了地形突变会增大畸形波发生的概率，并且畸形波的形成与波群特性有关。后来，姚宇等（2019a）研究了珊瑚礁礁坪宽度变化对珊瑚礁海岸附近波浪传播变形的影响，发现礁坪宽度的增大能显著降低波浪在岸线附近的短波波高，而低频长波随礁坪宽度变化的规律不明显。Yao 等（2019b）基于理想的岸礁地形在波浪水槽中进行一系列物理模型实验研究不同礁形特征（有/无礁冠、潟湖和礁面糙率）对礁坪上波浪传播变形的影响，结果表明，礁冠和潟湖的存在使礁体的几何形状偏离理想礁体，礁冠或礁面糙率的存在显著降低了海岸线附近的短波波高，潟湖因位于礁后，其存在对短波的影响可以忽略。

上述研究主要集中于水平一维波浪水槽实验，文献中关于水平二维珊瑚礁地形上波浪传播变形的实验室研究则相对较少。Smith 等（2012）基于关岛东南部某处珊瑚礁原型开展了港池波浪传播实验，发现短波能在礁坪上消散，而低频长波则几乎保持不变；在珊瑚礁上观察到了波浪三维效应，这是由非对称地形、波波相互作用、波浪折射和反射等因素造成；该实验在礁坪上设计一个小裂口来考虑口门的影响，发现口门仅对其附近的波高分布产生影响。丁军等（2015）通过港池实验模拟了某典型岛礁的真实地形，分析了近岛礁波浪传播变形特征，发现波浪从远海传播至岛礁附近，经地形剧烈变化的礁前斜坡时波高先增大后迅速减小，并在礁缘处形成破碎带，最后进入浅水礁坪后波高基本由水深控制。依托文献中对法波波利尼西亚莫雷阿（Moorea）礁的原型观测报道，Yao 等（2020）设计了一系列的港池实验，再现了理想珊瑚礁–潟湖–口门系统中波浪传播变形过程，研究结果表明，当波浪传播过礁坪进入潟湖时，入射波高显著降低，除了靠近口门的区域外，礁坪上的波高几乎没有变化；礁坪上的波谱明显变宽，主频波的能量向高频和低频区间转移；礁后岸滩上的波浪爬高存在一定的沿岸分布特征。

上述物理模型实验研究均未考虑礁面糙率对波浪在珊瑚礁地形上传播变形的影响。鉴于真实珊瑚礁礁面的大粗糙度，Quiroga 和 Cheung（2013）将礁面糙率概化为与水槽等宽并按照一定间距分布的矩形木条，通过物理模型实验分析了不同礁面粗糙度时孤立波的传播变形特性。Buckley 等（2018）将小方块体均匀布置在礁前斜坡和礁坪上来模拟粗糙的珊瑚礁面，通过物理模型实验发现低频长波和波浪增水是礁后岸滩波浪爬高的主要组成部分；与光滑礁面相比，粗糙礁面同时抑制了礁坪上短波和低频长波的传播，导致平均波浪爬高降低了30%。Yao 等（2018）在礁缘附近均匀布置圆柱体来更真实地模拟鹿角类珊瑚群落，通过物理模型实验研究了入射波高、礁坪水深、潟湖宽度和礁面粗糙度的变化对孤立波在岸礁上传播变形与爬高的影响，分析结果表明，礁坪透射波高和礁后岸滩波浪爬高均随着入射波高、礁坪水深和潟湖宽度的增加而减小，随着礁面糙率密度的增大而减小；最后提出了预测孤立波爬高的经验公式。采用同样的物理模型实验糙率设置，姚宇等（2019b）随后研究了礁面粗糙度变化对不规则波沿礁传播变形的影响，发现波浪沿礁传播过程中，短波持续衰减，到达海岸线附近短波波高相对于入射波高显著降低，低频长波波高沿礁逐渐增大，直到海岸线附近达到最大；海岸线附近处短波波高和低频长波波高均随着礁面糙率密度的增加而减小。贾美军等（2020）改进了 Yao 等（2018）的实验设计，将整个礁坪上均设置圆柱体阵列来模拟礁面的粗糙度，重点探讨大糙率礁面影响下波浪沿礁的演化和爬高规律，研究发现，礁面从光滑变为粗糙时海岸附近透射系数显著减小，能量衰减系数平均增大了8%，但礁前反射系数与礁面糙率之间无明显关系；礁后岸滩爬高随着透射波高的增大而增长；最后提出了考虑珊瑚礁大糙率礁面的预测规则波爬高的经验关系式。杨笑笑等（2021）采用相同的实验方法进一步探讨了大糙率礁面存在时孤立波传播变形及爬高规律，结果表明，粗糙礁面的存在显著削弱了礁坪上孤立波的首峰和礁后岸滩反射造成的次峰，同时降低了波浪在珊瑚礁面的传播速度；粗糙礁面上波高沿礁的衰减更为显著，粗糙礁面时无量纲化后的岸滩爬高相对于光滑礁面平均减小46%；最后给出了同时适合于光滑和粗糙礁面的预测孤立波岸滩爬高的经验关系式。

2.3.3 理论模型

波浪在从深海向近岸珊瑚礁传播过程中，受到水深急剧变化和底床摩擦的影响，发生浅化、破碎和沿礁衰减。对于波浪传播变形的问题，文献中（Lowe et al.，2005；Pomeroy et al.，2012；Monismith et al.，2015；Buckley et al.，2016；Rogers et al.，2016）通常采用描述波浪沿垂直于海岸线方向运动的一维能量流守恒方程：

$$\frac{\mathrm{d}}{\mathrm{d}x}(Ec_{\mathrm{g}}\cos\theta) = -\varepsilon_{\mathrm{b}} - \varepsilon_{\mathrm{f}} \tag{2.1}$$

式中，E 为波能密度，可细分为入射波和反射波的波能（Pomeroy et al.，2012）或对短波和低频长波频率区间分别进行计算（Buckley et al.，2016）；θ 为波浪入射角；c_{g} 为波群速度；ε_{b} 为波浪破碎产生的能量耗散率；ε_{f} 为底部摩擦所产生的波能耗散率，通常采用下式进行计算（Jonsson，1966）：

$$\varepsilon_{\mathrm{f}} = \frac{1}{2}\rho f_{\mathrm{w}} u_{\mathrm{wb}}^{3} \tag{2.2}$$

式中，f_w 为波浪摩擦系数；u_{wb} 为近海床的最大水质点速度，对于不规则波，根据能量等效原则，其为速度的均方根值。由式（2.2）可知底部摩擦所产生的波能耗散率主要由摩擦系数 f_w 决定，而 f_w 通常需要依据现场观测或物理模型实验进行校核后确定，也可根据经验公式计算。例如，Lowe 等（2007）给出了 f_w 与底部大糙率单元的密度、形状阻力和内部流速之间的关系。与波浪破碎有关的能量耗散率 ε_b 主要由经验波浪破碎模型确定，最简单的方法是在整个破碎带内采用受水深控制的饱和破碎模型，即沿程破碎波高 H_b 满足：

$$H_{\mathrm{b}} = \gamma h \tag{2.3}$$

式中，γ 为经验破碎指标；h 为当地水深。文献中（Symonds et al.，1995；Hearn，1999；Gourlay and Colleter，2005；Yao et al.，2017）均采用了上述方法。本章 2.2 节已提到 γ 在水平底床上要小于斜坡岸滩上的取值，因此不少学者在礁前斜坡和礁坪上分别采用不同的破碎指标 γ_1 和 γ_2 来描述破碎波（Hearn et al.，1999；Yao et al.，2017）。礁前斜坡上的破碎指标 γ_1 的取值类似于平直岸滩，主要取决于入射波况和礁前斜坡坡度，通常取值为 0.8 ~ 1.5。而文献中报道的礁坪上的破碎指标 γ_2 的取值为 0.25 ~ 0.8。

2.4 总结与展望

珊瑚礁海岸上的波浪传播变形是影响珊瑚礁海岸地貌变化的主要动力过程。本章主要通过对波浪破碎特性和波浪传播特征两个方面的现场观测和物理模型实验研究总结了珊瑚礁海岸波浪传播变形的国内外研究现状，关于数值模拟方面的研究将在本书第 6 章中讲述。在波浪破碎特性的研究文献中主要报道了波浪、潮汐（包括潮位和潮流）、礁形变化、礁面糙率等因素对破碎类型、破碎位置、破碎带宽度和破碎指标的影响，尤其关注对破碎指标 γ 值的分析；由于珊瑚礁坪通常较为平坦，观测到的 γ 值普遍低于沙质岸滩的值（如工程设计中常采用 $\gamma = 0.8$）。文献中对珊瑚礁海岸波浪传播特性的研究十分丰富，主要关注礁缘破碎带附近以及礁坪上的波浪入射、反射、透射以及能量衰减规律，部分研究还涉及了珊瑚礁地形上入射波能量向高频波和低频波的转移以及礁后岸滩上波浪爬高的变化；研究发现，波浪与珊瑚礁海岸相互作用过程中绝大部分入射波能量可以通过波浪破碎和礁面摩擦耗散掉，不同地点两种耗散机制的相对重要性可能存在差异。本章最后对基于能量流守恒的水平一维波浪传播变形的理论模型进行了简单介绍。

本章回顾总结了近年来国内外文献中关于珊瑚礁海岸波浪传播变形的研究进展，指出今后可以从以下方向开展工作。

1）通过几十年的积累，国外文献中已经存在大量的观测数据，研究地点遍及太平洋、印度洋、加勒比海等全球多地的珊瑚礁。但是由于各种原因，南海地区珊瑚礁观测数据相对比较缺乏，为了满足我国岛礁工程建设和维护的现实需求，该项工作亟待深入开展。

2）国内外现有的物理模型实验通常是在小比尺（小于 1∶20）波浪水槽或港池中进

行，无法真实复演现场尺度的波浪传播变形过程，得到的测量结果可能与实际现象存在偏差，今后有必要在更大型设施中开展大比尺（大于1∶10）实验，复演接近于现场尺度的海洋动力环境，最大程度上避免比尺效应的不利影响。

3）珊瑚群落表现为复杂的三维结构和高度的空间分布不均匀性，目前的物理模型实验研究中多采用概化的阵列模型来模拟礁面糙率，未来可以考虑采用3D打印技术来实现对真实礁面粗糙度的精细模拟。

参考文献

丁军，田超，王志东，等. 2015. 近岛礁波浪传播变形模型试验研究. 水动力学研究与进展A辑，30（2）：194-200.

贾美军，姚宇，何天城，等. 2020. 大糙率礁面影响下珊瑚礁海岸附近规则波演化及爬高试验研究. 海洋与湖沼，51（6）：1344-1349.

黎满球，朱良生，隋世峰. 2003. 珊瑚礁坪波浪的衰减特性分析. 海洋工程，21（2）：71-75.

刘小龙，蔡志文，陈文炜，等. 2018. 南海沙质地和珊瑚礁地质浅水区域波浪衰减实测研究. 中国造船，59（4）：178-187.

柳淑学，刘宁，李金宣，等. 2015. 波浪在珊瑚礁地形上破碎特性试验研究. 海洋工程，33（2）：42-49.

柳淑学，魏建宇，李金宣，等. 2017. 三维波浪在岛礁地形上破碎特性试验研究. 海洋工程，35（3）：1-10.

梅弢，高峰. 2013. 波浪在珊瑚礁坪上传播的水槽试验研究. 水道港口，34（1）：13-18.

任冰，唐洁，王国玉，等. 2018. 规则波在岛礁地形上传播变化特性的试验. 科学通报，63（Z1）：590-600.

杨笑笑，姚宇，郭辉群，等. 2021. 礁面大糙率存在下孤立波传播变形及爬高实验研究. 海洋学报，43（3）：24-30.

姚宇，杜睿超，袁万成，等. 2015a. 珊瑚岸礁破碎带附近波浪演化实验研究. 海洋学报，37（12）：66-73.

姚宇，袁万成，杜睿超，等. 2015b. 岸礁礁冠对波浪传播变形及增水影响的实验研究. 热带海洋学报，34（6）：19-25.

姚宇，唐政江，杜睿超，等. 2017. 潮汐流影响下珊瑚岛礁附近波浪传播变形和增水试验. 水科学进展，28（4）：614-621.

姚宇，何天城，唐政江，等. 2019a. 珊瑚礁礁坪宽度对波浪传播变形及增水影响的实验研究. 热带海洋学报，38（2）：13-19.

姚宇，张起铭，蒋昌波. 2019b. 礁面糙率变化下珊瑚礁海岸附近波浪传播变形试验. 科学通报，64（9）：977-985.

张庆河，刘海青，赵子丹. 1999. 波浪在台阶地形上的破碎. 天津大学学报，32（2）：73-76.

诸裕良，宗刘俊，赵红军，等. 2018. 复合坡度珊瑚礁地形上波浪破碎的试验研究. 水科学进展，29（5）：717-727.

邹丽，王爱民，宗智，等. 2017. 岛礁地形畸形波演化过程的试验及小波谱分析. 哈尔滨工程大学学报，38（3）：344-350.

Brander R W，Kench P S，Hart D E. 2004. Spatial and temporal variations in wave characteristics across a reef platform, Warraber Island, Torres Strait, Australia. Marine Geology, 207: 169-184.

Buckley M L, Lowe R J, Hansen J E, et al. 2016. Wave setup over a fringing reef with large bottom roughness. Journal of Physical Oceanography, 46 (8): 2317-2333.

Buckley M L, Lowe R J, Hansen J E, et al. 2018. Mechanisms of wave-driven water level variability on reef-fringed coastlines. Journal of Geophysical Research: Oceans, 123 (5): 3811-3831.

Costa M B, Araújo M, Araújo T C, et al. 2016. Influence of reef geometry on wave attenuation on a Brazilian coral reef. Geomorphology, 253: 318-327.

Demirbilek Z, Nwogu O G, Ward D L. 2007. Laboratory study of wind effect on runup over fringing reefs, Report 1, Data report. Technical Report ERDC/CHL-TR-07-4, Coastal and Hydraulics Laboratory, Vicksburg, Miss.

Ferrario F, Beck M W, Storlazzi C D, et al. 2014. The effectiveness of coral reefs for coastal hazard risk reduction and adaptation. Nature Communications, 5 (1): 1-9.

Gourlay M R. 1994. Wave transformation on a coral reef. Coastal Engineering, 23: 17-42.

Gourlay M R, Colleter G. 2005. Wave-generated flow on coral reefs-an analysis for two-dimensional horizontal reef-tops with steep faces. Coastal Engineering, 52 (4): 353-387.

Hardy T A, Young I R. 1996. Field study of wave attenuation on an offshore coral reef. Journal of Geophysical Research: Oceans, 101 (C6): 14311-14326.

Harris D L, Vila-Concejo A. 2013. Wave transformation on a coral reef rubble platform. Journal of Coastal Research, 65: 506-510.

Harris D L, Power H E, Kinsela M A, et al. 2018. Variability of depth-limited waves in coral reef surf zones. Estuarine, Coastal and Shelf Science, 211: 36-44.

Hearn C J. 1999. Wave-breaking hydrodynamics within coral reef systems and the effect of changing relative sea level. Journal of Geophysical Research: Oceans, 104 (C12): 30007-30019.

Huang Z C, Lenain L, Melville W K, et al. 2012. Dissipation of wave energy and turbulence in a shallow coral reef lagoon. Journal of Geophysical Research: Oceans, 117: 1-18.

Jonsson I G. 1966. Wave boundary layers and friction factors. Proceedings of 10th International Conference on Coastal Engineering, 1: 127-148.

Kouvaras N, Dhanak M R. 2018. Machine learning based prediction of wave breaking over a fringing reef. Ocean Engineering, 147: 181-194.

Lentz S J, Churchill J H, Davis K A, et al. 2016. Surface gravity wave transformation across a platform coral reef in the Red Sea. Journal of Geophysical Research: Oceans, 121 (1): 693-705.

Lowe R J, Falter J L, Bandet M D, et al. 2005. Spectral wave dissipation over a barrier reef. Journal of Geophysical Research: Oceans, 110: C04001.

Lowe R J, Falter J L, Koseff J R, et al. 2007. Spectral wave flow attenuation within submerged canopies: Implications for wave energy dissipation. Journal of Geophysical Research: Oceans, 112: C05018.

Lowe R J, Falter J L, Monismith S G, et al. 2009. Wave-driven circulation of a coastal reef-lagoon system. Journal of Physical Oceanography, 39 (4): 873-893.

Lugo-Fernández A, Roberts H H, Suhayda J N. 1998a. Wave transformations across a Caribbean fringing-barrier coral reef. Continental Shelf Research, 18 (10): 1099-1124.

Lugo-Fernández A, Roberts H H, Wiseman W J. 1998b. Tide effects on wave attenuation and wave set-up on a Caribbean coral reef. Estuarine Coastal & Shelf Science, 47: 385-393.

Massel S R, Gourlay M R. 2000. On the modelling of wave breaking and set-up on coral reefs. Coastal Engineering, 39 (1): 1-27.

Monismith S G. 2007. Hydrodynamics of coral reefs. Annual Review of Fluid Mechanics, 39: 37-55.

Monismith S G, Rogers J S, Koweek D, et al. 2015. Frictional wave dissipation on a remarkably rough reef. Geophysical Research Letters, 42 (10): 4063-4071.

Nelson R C. 1994. Depth limited design wave heights in very flat regions. Coastal Engineering, 23: 43-59.

Péquignet A C, Becker J M, Merrifield M A, et al. 2011. The dissipation of wind wave energy across a fringing reef at Ipan, Guam. Coral Reefs, 30: 71-82.

Pomeroy A, Lowe R J, Symonds G, et al. 2012. The dynamics of infragravity wave transformation over a fringing reef. Journal of Geophysical Research: Oceans, 117: C11022.

Quiroga P D, Cheung K F. 2013. Laboratory study of solitary-wave transformation over bed-form roughness on fringing reefs. Coastal Engineering, 80: 35-48.

Rogers J S, Monismith S G, Koweek D A, et al. 2016. Wave dynamics of a Pacific Atoll with high frictional effects. Journal of Geophysical Research: Oceans, 121 (1): 350-367.

Smith E R, Kraus N C. 1991. Laboratory study of wave-breaking over bars and artificial reefs. Journal of Waterway, Port, Coastal, and Ocean Engineering, 117 (4): 307-325.

Smith E R, Hesser T J, Smith J M. 2012. Two- and three- dimensional laboratory studies of wave breaking, dissipation, setup, and runup on reefs. ERDC/CHL TR-12-21, Coastal and Hydraulics Laboratory, US Army Engineer Research and Development Center.

Sous D, Tissier M, Rey V, et al. 2019. Wave transformation over a barrier reef. Continental Shelf Research, 184: 66-80.

Symonds G, Black K P, Young I R. 1995. Wave-driven flow over shallow reefs. Journal of Geophysical Research: Oceans, 100 (C2): 2639-2648.

Thornton E B, Guza R T. 1983. Transformation of wave height distribution. Journal of Geophysical Research: Oceans, 88 (C10): 5925-5938.

Xu J Y, Liu S X, Li J X, et al. 2019. Experimental study of wave propagation characteristics on a simplified coral reef. Journal of Hydrodynamics, 32 (2): 385-397.

Yao Y, Huang Z H, Monismith S G, et al. 2013. Characteristics of monochromatic waves breaking over fringing reefs. Journal of Coastal Research, 29 (1): 94-104.

Yao Y, He W R, Du R C, et al. 2017. Study on wave-induced setup over fringing reefs in the presence of a reef crest. Applied Ocean Research, 66: 164-177.

Yao Y, He F, Tang Z J, et al. 2018. A study of tsunami-like solitary wave transformation and run-up over fringing reefs. Ocean Engineering, 149: 142-155.

Yao Y, He W R, Deng Z Z, et al. 2019a. Laboratory investigation of the breaking wave characteristics over a barrier reef under the effect of current. Coastal Engineering Journal, 61 (2): 210-223.

Yao Y, Zhang Q M, Chen S G, et al. 2019b. Effects of reef morphology variations on wave processes over fringing reefs. Applied Ocean Research, 82: 52-62.

Yao Y, Chen S G, Zheng J H, et al. 2020. Laboratory study on wave transformation and run-up in a 2DH reef-lagoon-channel system. Ocean Engineering, 215: 107907.

Yao Y, Yang X X, Liu W J, et al. 2021. The effect of reef roughness on monochromatic wave breaking and transmission over fringing reefs. Marine Georesources & Geotechnology, 39 (3): 354-364.

Young I R. 1989. Wave transformation over coral reefs. Journal of Geophysical Research: Oceans, 94 (C7): 9779-9789.

第3章　珊瑚礁海岸波浪增水与波生流

3.1 引　　言

如图3.1所示，当波浪与珊瑚礁地形相互作用时，波浪首先在礁前斜坡上由于浅化作用产生减水；随着波浪在礁缘处发生破碎，从破碎点开始产生增水直到破碎带结束增水达到最大值。对于不存在潟湖的理想岸礁，礁坪上的增水几乎维持不变，波生流在礁冠附近几乎全部通过海底回流的方式回到外海（Yao et al., 2020a）。对于存在潟湖的堡礁或环礁，增水随后沿礁下降，直到潟湖近似为零；增水在沿岸方向也常常分布不均，这是因为礁坪往往不连续，其间间隔有一些口门将潟湖连通向外海，于是在增水正压力的驱动下产生了垂直和平行于海岸方向的波生流，部分水流可能通过海底回流的方式回到外海，形成垂向近岸环流，另一部分则通过口门返回外海，形成水平近岸环流（图3.2），类似于沙

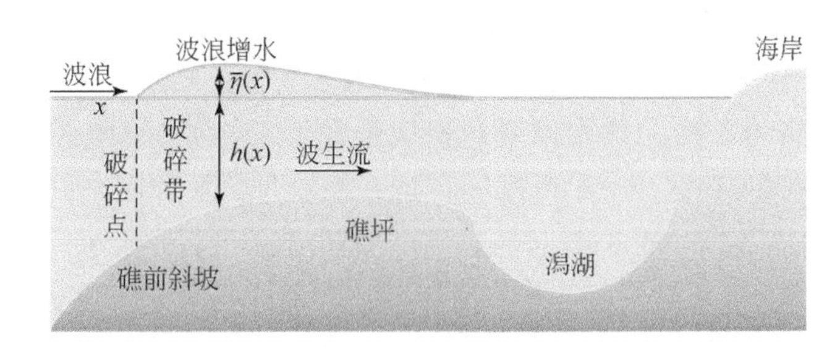

图3.1　波浪在珊瑚礁海岸地形上的增水和波生流（Monismith, 2007）

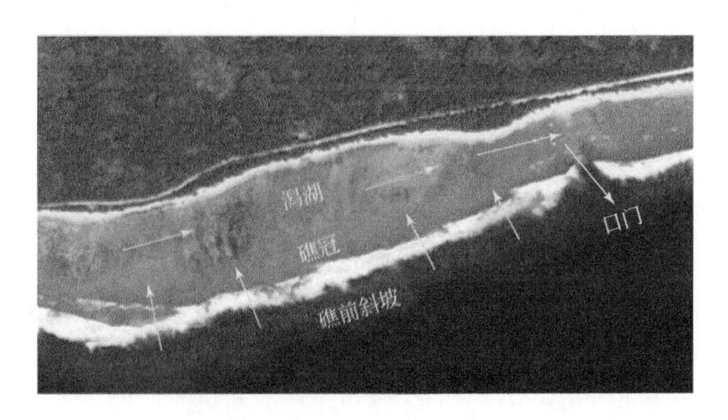

图3.2　珊瑚礁海域的水平近岸环流（Monismith, 2014）

质海岸的裂流系统，该环流的强度受到诸如礁坪宽度、口门的尺寸和位置、礁面粗糙度等因素的影响（Lowe et al.，2009）。珊瑚礁系统的波生环流对珊瑚幼虫（Oprandi et al.，2019）、营养物质（Falter et al.，2004）和沉积物（Ouillon et al.，2010）的输运至关重要，有助于维护珊瑚礁生态系统的健康和珊瑚礁海岸岸线的稳定。

3.2 现场观测

在过去的几十年里，国内外文献中报道了大量关于增水与波生流问题的现场观测研究。早期，Lugo-Fernández 等（1998a）通过在美属维尔京岛加勒比礁的礁前斜坡、礁冠和后礁潟湖处布置的三个测点观测到的波浪增水值为0.8～1.5cm，并采用Tait（1972）的理论模型计算得出的增水值与观测值较为一致。后来，Hench 等（2008）在法属波利尼西亚莫雷阿岛某处的珊瑚礁-潟湖系统中进行了现场观测，发现波浪作用是驱动当地环流的主要因素，而风在整个过程中只起到次要作用，该系统的环流主要是由来自远海的涌浪决定，与周期性的潮汐交换机制存在很大不同。Lowe 等（2009）通过对夏威夷卡内奥赫海湾某珊瑚礁上波生流的产生过程进行了为期 10 个月的观测，分析发现，波浪是驱动波生流的主要因素，礁坪上波生流与入射波高呈线性增长关系；由于该礁礁前斜坡较缓，波能耗散减弱，导致礁坪波浪增水和波生流较小。Vetter 等（2010）选择关岛东南沿岸的某个岸礁系统，研究了当地常浪期间与热带风暴万宜期间的入射波和波浪增水之间的关系，发现礁坪和岸线附近的波浪增水与入射波高有很好的相关性；增水在靠近海岸约 8m 水深处达到入射均方根波高的 35%，热带风暴可造成最大 1.3m 的波浪增水。Hoeke 等（2011）研究了夏威夷哈纳莱伊（Hanalei）湾珊瑚礁近岸波流与远海波况之间的相互关系，对长达 10 个月的现场观测数据分析表明，在长周期的涌浪作用下，流速比风浪条件下要大一个数量级，环流模式也存在较大差异；在涌浪阶段，流速与入射波高相关性强，而在风浪阶段流速与入射波高几乎不相关。Symonds 等（2011）对澳大利亚西南部一个温带珊瑚礁环境中的波浪和水流进行为期一年的现场观测，揭示了风和波浪作用的相对重要性，发现在低潮位期间，通过线性回归分析显示在 1% 和 0.5% 的风速下可以很好地预测沿岸流；在微风或逆风期间，可以观察到异常强烈的海流，同时珊瑚礁上的水位相对于远海水位有所抬升。Taebi 等（2011）在西澳大利亚 Ningaloo 礁某处进行了为期 6 周的现场观测，研究了波浪、潮汐和风对珊瑚岸礁系统环流的影响，发现波浪破碎在驱动珊瑚礁-潟湖系统的环流中起主导作用，波生流会对潮汐导致的水位变化做出响应，风和浮力在驱动系统环流方面的作用均可忽略不计（图 3.3）。Monismith 等（2013）对法属波利尼西亚莫雷阿岛的某珊瑚礁-潟湖系统中的增水和平均流进行了实地测量，发现礁面增水可用基于简单波浪破碎模型的辐射应力理论进行预测，且适用于绝大部分波浪条件。随后，Monismith（2014）基于美属萨摩亚（Samoa）的 Ofu 礁和法属波利尼西亚的莫雷阿岛某处珊瑚礁的观测数据，提出了一个基于动量守恒的描述波生流越过浅礁冠并流进深潟湖的波流预测模型，并考虑了潟湖中存在一个沿岸增水压力梯度与底摩擦的平衡。Becker 等（2014）通过对马绍尔（Marshall）群岛和马里亚纳（Mariana）群岛的三处珊瑚岸礁的波浪传播过程进行现场观测，研究了潮位对岸礁礁坪处波浪增水的影响，分析发现，三处岸礁礁坪波浪增水的变化明显依赖于潮位的改变，随着潮位的升高而减小；破碎波高和水深是影响潮位驱动波浪增水的重要因素。Sous 等（2017）在新喀里多尼亚 Ouano 潟湖进行了两次为期三个月的现场观测，确定了由波浪和风驱动的四种典型环流模式，并发现倾斜入射的波浪或持续的强风能够改变环流模式。随后，Sous 等（2020）在 Ouano 堡礁上进行了为期两个半月的现场观测，评估了基于水深平均的动量方程在该处的适用性，发现由波浪破碎驱动的向岸流在动量平衡中起着重要作用，礁前斜坡处为辐射应力梯度与波浪增水造成的正向压力梯度相平衡，在礁坪上逐步过渡为类似于明渠流的由底摩擦损耗主导的水动力平衡。最近，Clark 等（2020）在关岛 Ipan 岸礁为期 7 周的现场观测中采集了波浪、水位和海流数据，分析了狭窄口门对宽浅岸礁上增水和波生环流的影响；由于口门的存在，穿过礁坪的平均流主要由沿岸流主导，口门处由于波浪破碎受到抑制而产生的压力梯度会产生裂流，最终由口门返回到外海。Aucan 等（2021）通过在法属波利尼西亚 Raroia 环礁处收集的 1 年波浪、水位和海流数据，发现环礁内部的水位 60% ~70% 受潮汐控制，剩余水位受制于波浪驱动的从口门进入潟湖的水流，其强度同时取决于远海波浪条件以及外海与潟湖之间的水位差。

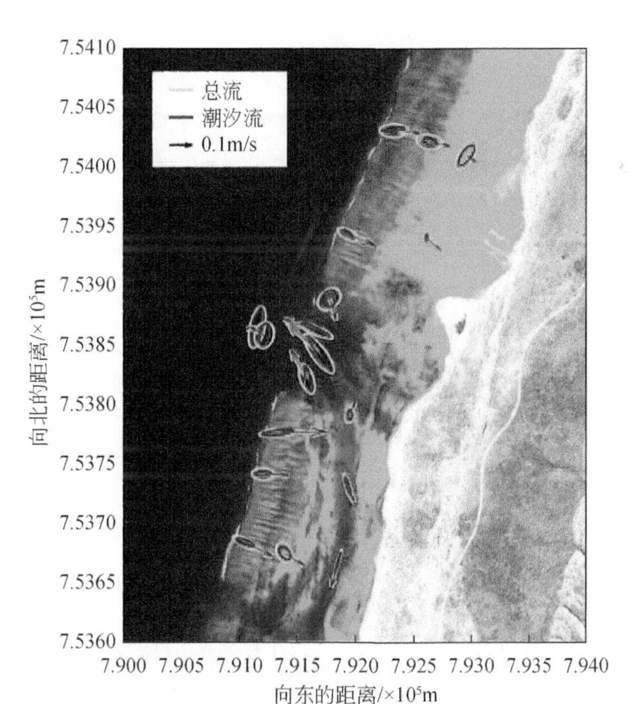

图 3.3　澳大利亚 Ningaloo 礁某处的环流模式（Taebi et al.，2011）

3.3 物理模型实验

国内外文献中有关开展增水和波生流物理模型实验的研究同样较多。最早的实验室工作可追溯至 Gerritsen（1980）和 Seelig（1983），主要研究了规则波和不规则波作用下礁坪上的增水问题。Gourlay（1996）首次开展了一系列实验来测量规则波在概化珊瑚礁地形上的增水和波生流，发现增水随着礁坪上水深的降低而增加，而波生流却在某一水深处存在着最大值。Demirbilek 等（2007）以关岛东南海岸某珊瑚岸礁为原型，在风浪水槽中进行了物理模型实验，分析表明，风的存在增加了礁冠处的波浪增水，且与风速呈二次方的关系，而在礁后岸滩滩趾处的波浪增水与风速呈线性增长关系；由于波浪能够增加海面粗糙度，与单纯风作用或波浪作用相比，风浪组合条件下珊瑚礁上的波浪增水明显增大。Yao 等（2009）研究了珊瑚礁礁缘处存在的礁冠对波浪传播变形和增水的影响，证明了冠顶水深是控制波浪破碎和增水产生的决定性参数。Smith 等（2012）基于带有小口门的真实珊瑚礁地形进行了三维港池实验，分析了波浪传播变形、增水及口门附近的环流特征，发现礁坪中轴线上测量的增水与远海波浪能量成正比，低水位时增水较高，高水位则较低；礁坪地形的不均匀性及其引起的波浪增水变化导致礁坪上产生沿岸流；同时还在口门及礁坪中轴线附近测量到离岸流的存在。Buckley 等（2015）在物理模型实验中进行了沿礁高分辨率的波浪测量，分析了礁前斜坡较陡的珊瑚礁地形上波浪增减水的变化规律，发现当采用线性波浪理论计算辐射应力梯度时，在大多数测试的波浪和水位条件下，波浪增水与减水都被低估了，并在波高较大和水位较低的工况下这种低估更为明显；最后通过引入滚波（wave-roller）模型对基于线性波动理论的预测进行修正，提高了预测波浪增减水的精度。随后，Buckley 等（2016）通过采用小方块阵列来模拟礁面粗糙度，用理论模型揭示了礁面糙率对礁坪增水影响的两种相互对抗的机制，底床摩擦造成的辐射应力的降低导致礁坪上的增水平均减少 18%，波生流与粗糙单元相互作用产生的阻力使礁坪增水平均增加 16%，结果礁坪上的预测增水在粗糙礁面和光滑礁面之间仅平均相差 7%。Yao 等（2020a）通过物理模型实验详细测量了典型卷碎波工况下理想岸礁破碎带附近垂向流场的分布，并考虑了礁冠的存在，发现岸礁破碎带附近存在一个由波浪质量输移（向岸）流和海底回流组成的垂向环流，礁冠的存在显著减小了该环流的分布范围，并导致在冠顶产生了更强烈的离岸流。

上述文献主要是报道水平一维物理模型实验研究，Yao 等（2018）首先在实验室波浪水槽中研究了准水平二维珊瑚礁-潟湖-口门系统中的波浪增水和波生流的规律，通过将潟湖和外海用额外管道联通来模拟口门，但未考虑潟湖中的沿岸流。分析表明，与不存在口门的珊瑚礁系统相比，具有开放潟湖的珊瑚礁系统有如下特点：礁坪上的最大波浪增水减小了 10% ~40%，且波浪增水沿着礁坪至潟湖不断降低；在礁坪上出现波生向岸流并通过口门通道回到外海，波生流在中等礁坪水深时最大。近期，Zheng 等（2020）以 Hench 等（2008）的现场观测为原型，首次通过港池实验模拟了完整的珊瑚礁-潟湖-口门系统，测量分析了系统中的短波、长波、增水、岸滩爬高和波生环流，发现向岸方向波浪增水从外礁坪到潟湖中逐渐减少，沿岸方向波浪增水从礁坪中部至口门急剧下降；系统中存在由礁坪向岸流、潟湖沿岸流和口门回流组成的水平波生环流，而礁坪上的沿岸流相对较弱（图 3.4）。

(a)现场原型和物理模型设计区域

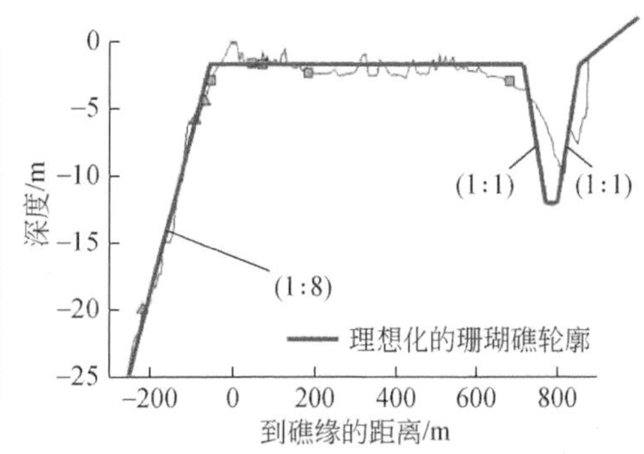

(b)垂直于海岸方向的原型地形以及物理模型概化地形

(c)港池实验的前视图

(d)港池实验的后视图

图 3.4　Zheng 等（2020）的港池实验设计

近年来，国内文献对珊瑚礁海岸波浪增水与波生流问题物理模型实验研究的报告也不断增加。例如，姚宇等（2015）在波浪水槽中进行了一系列物理模型实验来研究礁冠的存在对珊瑚岸礁上波浪传播变形以及礁坪增水的影响，发现礁坪增水随着入射波高和周期增加而增加，随着礁坪水深的增加而减少；礁冠的阻水效应类似于潜堤，对于其后礁坪增水的增大起决定作用；最后引入了一个无量纲参数来考虑礁冠的存在对增水的影响。随后，姚宇等（2017a）通过物理模型实验进一步研究了岸礁礁冠宽度变化对礁坪上波浪增水的影响，发现在礁冠充分宽的情况下礁冠水深才是控制礁坪上增水的主要因素，礁冠宽度越大，增水越大；采用基于能量守恒的理论模型分析了礁冠宽度对增水的影响，并给出了模型中经验参数与礁冠相对宽度间的经验关系式。姚宇等（2017b）通过波浪水槽实验研究了礁冠对珊瑚岸礁上波浪演化和波生流特性的影响，发现礁冠的存在引起破碎带宽度减小和礁坪上增水变大；礁冠不存在时，岸礁上波生流的沿礁分布与平直海岸相似，而礁冠的存在一定程度上阻碍了礁坪上水体向外海的回流。任冰等（2018）在波浪水槽中研究了陡峭岛礁地形上波浪的传播变化特性，发现当礁坪上淹没水深较小时，波浪在礁前斜坡上发生破碎，礁坪上最大增水值接近入射波高的40%；当礁坪上淹没水深较大时，波浪在礁坪上发生破碎，礁坪上最大增水值不到入射波高的10%。陈松贵等（2018）基于大比尺波浪水槽模型实验研究了不规则波在建有防浪堤的珊瑚礁陡变地形上传播变形规律，发现越靠近防浪墙，水位壅高越大；利用低通滤波技术，测得了礁盘上壅水显著，防浪堤前的波浪增水与外海入射波高的平方成正比。李绍武等（2019）通过波浪水槽实验分析了不规则波作用下岸礁礁坪的增水随不同水动力参数变化的规律，礁坪上最大增水值随入射波周期的增大而增大，随礁坪水深的增大而减小，并与入射波波高成正比；同时基于文献中已有的礁坪增水预测公式估算了不规则波在岸礁礁坪上的最大增水值。

3.4 理论模型

3.4.1 水平一维增水模型

类似于平直海岸，早期描述波浪与珊瑚礁作用时的增水和波生流问题大多是采用基于辐射应力理论（Longuet-Higgins and Stewart，1962）建立起来的半经验半理论的分析模型。目前比较典型的水平一维模型有一类基于动量守恒的模型（Longuet-Higgins and Stewart，1962）。这类模型推导的核心思想是采用沿水深积分且对波浪平均的动量平衡方程，在破碎带内对方程沿波浪传播方向进行积分得到，典型的预测礁坪上波浪增水值的表达式如下：

$$\frac{\overline{\eta}_r}{H_0}=\frac{1}{1+8/3\gamma^2}\left[\frac{(1-K_r^2)^{0.4}}{(4\pi\gamma^2)^{0.4}S^{0.2}}-\frac{h_r}{H_0}\right] \tag{3.1}$$

式中，$\overline{\eta}_r$ 为礁坪最大增水；H_0 为深水波高；K_r 为反射系数；$S=H_0/gT^2$ 为深水波陡，T 为入射波周期；h_r 为礁坪静水深。

第二类是基于能量流守恒的模型，如 Gourlay 和 Colleter（2005）提出礁坪上波浪增水的计算式如下：

$$\frac{\overline{\eta}_r}{T\sqrt{gH_0}}=\frac{3}{64\pi}K_p\left[1-K_r^2-4\pi\gamma^2\left(\frac{\overline{\eta}_r+h_r}{H_0}\right)^2\frac{1}{T}\sqrt{\frac{\overline{\eta}_r+h_r}{g}}\right]\left(\frac{H_0}{\overline{\eta}_r+h_r}\right)^{3/2} \tag{3.2}$$

式中，T 为入射波周期；g 为重力加速度；K_p 为与礁冠形态有关的礁形参数，理论变化范围为 0~1；γ 为礁坪上的经验破碎指标，Gourlay 和 Colleter（2005）建议的取值为0.4。实际上式（3.2）在破碎带也运用了辐射应力理论，但其未在破碎带内对动量平衡方程进行积分，而是假设辐射应力的变化发生在一个有效水深 h_p 上，并且推导出 $h_p=(1/K_p)(\overline{\eta}_r+h_r)$，上述经验参数 K_p 则由此引出。Gourlay 和 Colleter（2005）还将上述模型扩展到了考虑增水产生波生流的情况，认为一部分入射波能量转化为了波生流的动能，以此将波生流引入到方程中。

第三类是基于质量守恒的模型。这类模型的核心思想是将珊瑚礁冠的阻水效应类比于宽顶堰在明渠中的阻水作用，波浪增水相当于堰上水头，破碎波上爬半周期往礁坪方向输送的质量输移流等于波浪回落半周期增水驱动的堰上出流，并且出流在冠顶应满足临界流，即礁缘处满足自由跌水的条件。Yao 等（2016）提出的增水计算式如下：

$$\frac{\overline{\eta}_r + h_c}{H_0} = \frac{3/2}{(2\pi^2)^{2/3}} \frac{[(1 - K_r)\beta]^{2/3}}{S^{1/3}} \tag{3.3}$$

式中，h_c 为礁冠静水深；β 为不均匀系数，用来修正非恒定流的影响。需要指出的是，此类模型由于礁冠处运用了临界流假设，只能适用于冠顶水位较低（低潮位）的情况。

3.4.2 水平二维增水波生流模型

目前对于珊瑚礁－潟湖－口门水平二维环流系统的理论模型尚处于初步研究阶段。Lowe 等（2009）首先将水平一维模型扩展到了水平二维的情况并考虑到了裂流的存在。Monismith（2014）和 Yao 等（2018）则对水平二维环流模型进行了进一步的拓展。最近，Zheng 等（2020）在 Yao 等（2018）的准水平二维理论模型基础上，通过在潟湖中补充建立沿岸方向的水动力平衡方程，提出了完全水平二维理论模型。该类模型核心思想如下所述：理想的水平二维珊瑚礁系统由礁坪、潟湖和口门组成，如图 3.5 所示，由于系统的对称性，可仅取其中的一半进行展示。如果给定入射波浪要素特征、珊瑚礁－潟湖－口门耦合系统的几何形状特性和底床摩阻系数，可通过在不同区段（*A—B*、*B—C*、*C—D* 和 *D—E*）建立动量和质量守恒方程来求解出礁坪、潟湖和口门中的增水和波生流，代表了整个系统的水平环流特征。该理论模型根据现场观测或物理模型实验校核后，可通过改变礁形系数和摩阻系数从理论上分析各个因素对该系统中平均水位和水平环流的影响。需要指出的是，上述水平一维和水平二维模型仅考虑波浪相位和水深的平均效应，因此尚不能模拟波浪在珊瑚礁上的详细演化过程以及应对比较复杂的礁面形态。此外，上述理论模型主要采用线性波假设来计算辐射应力，事实上波浪在礁前斜坡上的变浅作用和礁冠处的破碎存在很强的非线性，非线性波理论诸如椭圆余弦波浪理论可以作为替代（Monismith et al., 2013）。

Yao 等（2018）和 Zheng 等（2020）的理论模型具体框架如下：在波浪破碎带（图 3.5 中的 *A—B*）建立沿水深积分垂直于海岸方向的动量守恒和质量守恒：

$$(h_r + \overline{\eta}_r)u_r^2 - h_b u_b^2 + \frac{g}{2}(h_r + \overline{\eta}_r)^2 - \frac{g}{2}h_b^2 + \Delta S - \Delta \Pi + C_d^r \left(\frac{u_b + u_r}{2}\right)^2 L_s = 0 \tag{3.4}$$

$$u_r(h_r + \overline{\eta}_r) - u_b h_b = 0 \tag{3.5}$$

式中，$\overline{\eta}_r$ 是礁坪上的最大波浪增水；u_b 和 u_r 分别是破碎点和礁坪上的向岸平均流。摩擦项使用二次摩擦定律并采用破碎点和礁坪的平均流速描述，C_d^r 是礁面摩擦系数；g 是重力加速度；h_b 和 h_r 分别是破碎点和礁坪处的水深，前者可根据远海到破碎点的能量流守恒来计算；破碎点处波浪减水比 h_b 小得多，因此其在式（3.4）左边第四项中被忽略；L_s 是破碎带宽度；ΔS 是破碎带的辐射应力梯度，可采用浅水线性波理论近似；$\Delta \Pi$ 与破碎带平均水

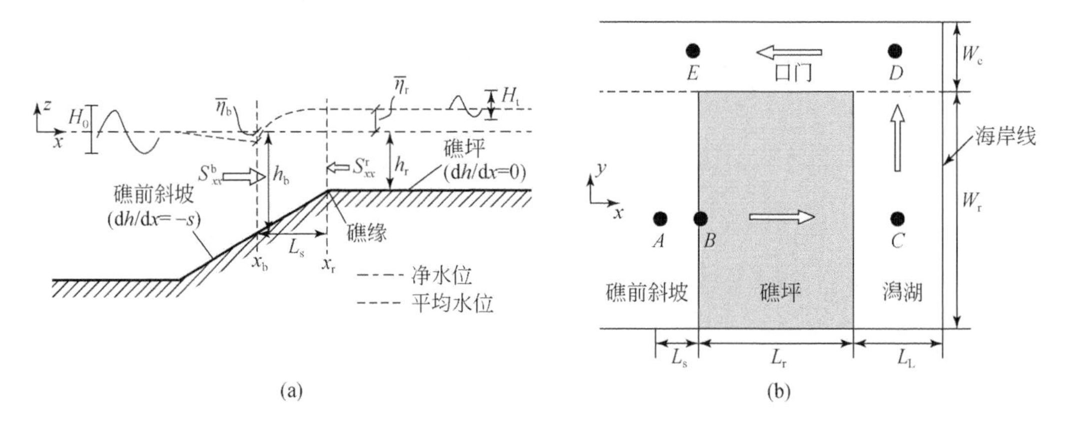

图 3.5 理想珊瑚礁-潟湖-口门系统水平二维环流理论预测模型示意

位的形态有关，主要受破碎带的地形控制，其解析解详见 Yao 等（2018）。

在破碎带后方的礁坪上（B—C），不存在因波浪破碎而产生的辐射应力梯度，因此在沿礁压力梯度和底部摩擦力之间建立动量守恒：

$$\frac{(\overline{\eta}_r-\overline{\eta}_L)}{L_r}=C_d^r\frac{u_r^2}{g(h_r+\overline{\eta}_r)} \tag{3.6}$$

礁坪与潟湖之间的质量守恒为

$$u_r(h_r+\overline{\eta}_r)W_r-v_Lh_LL_L=0 \tag{3.7}$$

式中，$\overline{\eta}_L$ 是潟湖中的平均水位；L_r 是礁坪向岸方向的宽度；W_r 是礁坪沿岸方向的宽度；v_L 是潟湖中的沿岸平均流；L_L 是潟湖向岸方向的宽度；h_L 是潟湖总水深，并假设 $h_L+\overline{\eta}_L\approx h_L$。考虑到礁坪上的沿岸流一般远小于向岸流，故在式（3.7）中忽略了通过礁坪直接流入口门中的水流。Yao 等（2018）的理论模型之所以被称为准水平二维是因为其没有考虑潟湖中的沿岸流（C—D）。Zheng 等（2020）对此做了改进，增加了潟湖中压力梯度和底部摩擦力之间的沿岸动量平衡：

$$\frac{(\overline{\eta}_L-\overline{\eta}_c)}{W_r}=C_d^L\frac{v_L^2}{gh_L} \tag{3.8}$$

同样的，潟湖与口门之间的质量守恒为

$$v_Lh_LL_L-u_ch_cW_c=0 \tag{3.9}$$

式中，$\overline{\eta}_c$ 为口门中的平均水位；C_d^L 为潟湖的底部摩擦系数；u_c 为口门中的离岸平均流；W_c 为口门宽度；h_c 为口门水深，并假设 $h_c+\overline{\eta}_c\approx h_c$。

假设口门入口处没有发生波浪减水，则在口门中的（D—E）建立垂直于海岸方向动量守恒位：

$$\frac{\overline{\eta}_c}{L_r}=C_d^c\frac{u_c^2}{gh_c} \tag{3.10}$$

式中，C_d^c 为口门的底摩擦系数。

已知入射波特征（波高 H_0 或 H_{rms0}，周期 T 或 T_P，波浪入射角 θ_0，波浪反射系数 K_R，入射波能量衰减因子 κ，水深 h_r，h_L 和 h_c）、礁型特征（L_r，L_L，W_r，W_c，礁前坡度 s，与破碎带地形有关的参数 λ）、底部粗糙度系数（C_d^r，C_d^L 和 C_d^c）以及礁前斜坡和礁坪的破碎指标（γ_1 和 γ_2），可以通过求解上述代数方程组［式（3.4）~式（3.10）］获得7个变量（u_b，$\overline{\eta}_r$，u_r，$\overline{\eta}_L$，v_L，$\overline{\eta}_c$，u_c）的预测值，代表整个理想珊瑚礁-潟湖-口门环流系统中的水动力特征。C_d^r、C_d^c、λ 和 κ 等经验参数难以直接测量，需要通过现场观测或物理模型实验数据来校核，具体的求解方法详见 Zheng 等（2020）。

3.5 潮汐流的影响

根据 Lowe 和 Falter（2015）的研究成果报道，世界上约1/3 珊瑚礁海域的水动力特征实际上是由潮汐主导（图3.6）。在传统的现场观测研究中，学者们主要分析了潮位的影响（Hardy and Young，1996；Lugo-Fernández et al.，1998b；Lowe et al.，2005；Pequignet et al.，2011；Becker et al.，2014）。研究发现，潮位对礁坪上波浪破碎、短波和低频长波的运动、增水以及波生流的产生均具有明显的调制作用，其中礁冠处的水深是控制这些水动力特征的决定性因素。当现场潮差较大时，潮流可能会替代潮位对珊瑚礁附近的环流系统起着重要影响，并能反过来影响波浪的运动特性，因此，近年来学者们对潮流的关注日益上升。

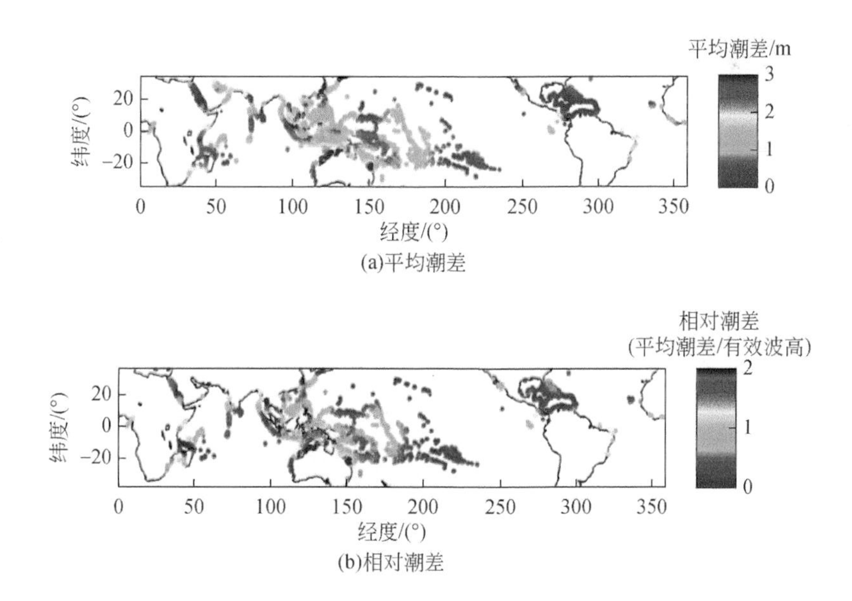

图3.6 全球珊瑚礁平均潮差和相对潮差（平均潮差/有效波高）的分布（Lowe et al.，2015）

文献中，Lowe 等（2015）对澳大利亚西北部金伯利（Kimberley）地区某处以潮流主导的珊瑚礁进行了为期两周的现场观测，发现该珊瑚礁礁坪高度略高于平均海平面，在低潮位，外海水位可降至礁坪以下 4m；虽然珊瑚礁坪在潮汐周期中会存在被淹没的阶段，但珊瑚礁上的水位和流速都存在着显著的不对称性，涨潮仅持续约 2h，而退潮持续约 10h；最后提出了一个简单的理论分析模型，表明礁坪上的水位主要取决于珊瑚礁形态、底部粗糙度和潮汐特性。Green 等（2018）研究了澳大利亚西北部陆架边缘由潮汐主导的半封闭环礁的水动力特性，发现环礁外大潮潮差可达 4m，当潟湖内水位低于平均海平面时，潟湖周围珊瑚礁会露出水面，潟湖内水流只能通过两个狭窄的口门与外海交换，在外海和潟湖产生不对称的水位和流速，在大潮期间最为明显；该环礁落潮比涨潮约长 2h，涨潮时口门水流流速可达 2m/s。Grimaldi 等（2022）对澳大利亚西北部的默梅德（Mermaid）环礁进行了水动力测量，发现环礁的形态尤其是礁坪高度是控制波浪和潮汐相对重要性的关键因素，当潮差大于两倍礁坪高度时潮流占主导，当潮差小于两倍礁坪高度时波浪占主导，而且不论是波浪还是潮流主导，环礁内水流始终流向东部。

文献中，亦有通过物理模型实验研究潮汐流影响问题的报道。姚宇等（2017c）首次通过波流水槽实验对潮汐流影响下规则波的传播变形和增水问题进行了研究，采用管道将潟湖和外海联通来模拟潮汐回流通道，管道中部设有造流泵，可在管道中生成设计流量的向岸或离岸恒定流来实现对水槽中潮汐流的模拟，发现涨潮（向岸流）时波浪破碎点向海岸侧移动，退潮（离岸流）时其向远海侧移动；涨潮造成礁坪上波浪增水减少，退潮则促进增水的生长，增水最大值与潮汐流流量间存在显著的线性关系。随后，Yao 等（2020b）进一步优化了实验工况设计，系统分析了潮汐流对礁坪上波浪增水的影响，发现涨潮影响下的礁坪平均水位始终低于退潮影响下的水位，随着潮汐流流量由离岸最大值变为向岸最大值，礁坪上的最大波浪增水显著降低；最后提出一种基于动量平衡和能量流平衡的理论模型，成功地预测了潮流存在时沿礁的波高和波浪增水分布。Yao 等（2022）将上述实验扩展到了研究潮汐流影响下的波生流问题，利用激光多普勒测速仪（laser Doppler velocimeter，LDV）对破碎带附近的水流分布做了详细的测量，对比分析了涨潮（向岸流）和退潮（离岸流）情况下波生流的沿礁分布和垂向分布，并与无潮汐流（仅波浪）的情况进行了比较，发现退潮时礁坪上的波浪增水始终大于涨潮的情况，无潮汐流（仅波浪）时则介于两者之间；当涨/退潮流与波浪共同作用时，在礁缘破碎带附近波谷以下出现沿水深分布的更强的向岸/离岸流。

3.6 总结与展望

3.6.1 总结

本章从现场观测、物理模型实验和理论模型三个方面总结了国内外文献中关于珊瑚礁海岸波浪增水与波生流的研究现状，文献中数值模拟研究涉及的本章内容将在第 6 章讲述。目前现场观测研究主要关注珊瑚礁系统中的增水与环流模式，发现由于存在向岸和沿岸方向的增水压力梯度，该类系统中普遍存在由礁坪向岸流、潟湖或/和礁坪沿岸流，以及口门回流组成的近岸水平环流系统；理论模型方面，当前的研究已从基于动量守恒的水平一维理论模型拓展到了基于动量与质量守恒的水平二维理论模型，并能有效地预测礁面、潟湖和口门不同特征位置处的增减水和波生流；物理模型实验研究主要是对原型礁进行合理概化，通过水槽或港池实验研究水动力参数（波浪、潮汐、礁坪水深等）与珊瑚礁礁形参数（礁冠、口门、潟湖、礁面粗糙度等）对珊瑚礁坪上的增水与波生流的调控作用。部分文献报道了有关潮汐流的影响研究，现场观测主要分析潮汐主导下的珊瑚环礁附近的水流循环模式；物理模型实验则主要通过在波浪水槽中采用恒定流来模拟特定潮汐相位时的潮流作用，进而分析潮汐流对礁坪上波浪增水和波生流的影响。

3.6.2 展望

本章最后对珊瑚礁海岸波浪增水和波生流研究今后的关注点提出一些展望：对于现场观测研究，国外文献主要报道了东太平洋、南太平洋、澳大利亚沿海、夏威夷沿海等地的珊瑚礁，南海珊瑚礁观测数据相对比较缺乏，为了满足对我国岛礁开发和保护的需要，该项工作亟待深入研究；对于理论分析模型研究，传统的模型主要采用线性波假设来计算破碎波的辐射应力，今后应侧重考虑非线性波浪理论，同时对模型中参数的率定需考虑更为复杂的海洋动力环境，如海底回流、潮流等存在的情况；对于物理模型实验研究，现有的物理模型实验大都集中在狭长的波浪水槽中进行，仅有少数通过港池实验一定程度上考虑了沿岸效应，普遍存在着比尺效应问题，未来的物理模型实验应该采用大比尺的波浪水槽或港池并可更加关注沿水深方向的精细流动特征；关于潮流的影响，今后在实验室研究潮流对波浪的调节作用时，应考虑潮位和潮流的相位耦合效应，同时关于珊瑚礁地形上波流相互作用的机理问题还有待深入研究。

参考文献

陈松贵，张华庆，陈汉宝，等.2018. 不规则波在筑堤珊瑚礁上传播的大水槽实验研究. 海洋通报，37（5）：576-582.

李绍武，胡传越，柳叶.2019. 不规则波在岸礁地形增水变化规律试验. 水科学进展，30（4）：581-588.

任冰，唐洁，王国玉，等.2018. 规则波在岛礁地形上传播变化特性的试验. 科学通报，63：590-600.

姚宇.2019. 珊瑚礁海岸水动力学问题研究综述. 水科学进展，30（1）：139-152.

姚宇，袁万成，杜睿超，等.2015. 岸礁礁冠对波浪传播变形及增水影响的实验研究. 热带海洋学报，34（6）：19-25.

姚宇，杜睿超，蒋昌波，等.2017a. 礁冠宽度对珊瑚礁坪波浪增水影响的实验研究. 海洋通报，36（3）：340-347.

姚宇，唐政江，杜睿超，等.2017b. 珊瑚礁破碎带附近波浪演化和波生流实验研究. 海洋科学，41（2）：12-19.

姚宇，唐政江，杜睿超，等.2017c. 潮汐流影响下珊瑚岛礁附近波浪传播变形和增水试验. 水科学进展，

28（4）：614-621.
郑金海，时健，陈松贵 . 2021. 珊瑚岛礁海岸多尺度波流运动特性研究新进展 . 热带海洋学报，40（3）：44-56.
Aucan J，Desclaux T，Gendre R L，et al. 2021. Tide and wave driven flow across the rim reef of the atoll of Raroia（Tuamotu，French Polynesia）. Marine Pollution Bulletin，171：112718.
Becker J M，Merifield M A，Ford M. 2014. Water level effects on breaking wave setup for Pacific Island fringing reefs. Journal of Geophysical Research：Oceans，119（2）：914-932.
Buckley M L，Lowe R J，Hansen J E，et al. 2015. Dynamics of wave setup over a steeply sloping fringing reef. Journal of Physical Oceanography，45（12）：3005-3023.
Buckley M L，Lowe R J，Hansen J E，et al. 2016. Wave setup over a fringing reef with large bottom roughness. Journal of Physical Oceanography，46：2317-2333.
Clark S J，Becker J M，Merrifield M A，et al. 2020. The influence of a cross-reef channel on the wave-driven setup circulation at Ipan，Guam. Journal of Geophysical Research：Oceans，125（7）：e2019JC015722.
Demirbilek Z，Nwogu O G，Ward D L. 2007. Laboratory Study of Wind Effect on Runup over Fringing Reefs. Report 1：Data report. Coastal Hydraulics Laboratory Rep. ERDC/ CHL TR-07-4，83.
Falter J L，Atkinson M J，Merrifield M A. 2004. Mass-transfer limitation of nutrient uptake by a wave-dominated reef flat community. Limnology Oceanography，49（5）：1820-1831.
Gerritsen F. 1980. Wave attenuation wave set-up on a coastal reef // Proceedings of the 17th International Conference on Coastal Engineering. Sydney：American Society of Civil Engineers：444-461.
Gourlay M R，Colleter G. 2005. Wave-generated flow on coral reefs-an analysis for two-dimensional horizontal reef-tops with steep faces. Coastal Engineering，52（4）：353-387.
Gourlay M R. 1996. Wave set-up on coral reefs：1：set-up wave-generated flow on an idealised two dimensional horizontal reef. Coastal Engineering，27（3）：161-193.
Green R H，Lowe R J，Buckley M L. 2018. Hydrodynamics of a tidally forced coral reef atoll. Journal of Geophysical Research：Oceans，123：7084-7101.
Grimaldi C M，Lowe R J，Benthuysen J A，et al. 2022. Wave tidally driven flow dynamics within a coral reef atoll off northwestern Australia. Journal of Geophysical Research：Oceans，127：e2021JC017583.
Hardy T A，Young I R. 1996. Field study of wave attenuation on an offshore coral reef. Journal of Geophysical Research，101（C6）：14311-14326.
Hench J L，Leichter J J，Monismith S G. 2008. Episodic circulation exchange in a wave-driven coral reef lagoon system. Limnology Oceanography，53（6）：2681-2694.
Hoeke R，Storlazzi C，Ridd P. 2011. Hydrodynamics of a bathymetrically complex fringing coral reef embayment：wave climate，in situ observations，wave prediction. Journal of Geophysical Research，116：C04018.
Longuet-Higgins M S，Stewart R W. 1962. Radiation stress and mass transport in gravity waves，with application to ‘surf beats’. Journal of Fluid Mechanics，13（4）：481-504.
Lowe R J，Falter J L. 2015. Oceanic forcing of coral reefs. Annual Review of Marine Science，7：43-66.
Lowe R J，Falter J L，Bandet M D. 2005. Spectral wave dissipation over a barrier reef. Journal of Geophysical Research，110（C4）：C04001.
Lowe R J，Falter J L，Monismith S G. 2009. Wave-Driven Circulation of a Coastal Reef-Lagoon System. Journal of

Physical Oceanography, 39 (4): 873-893.

Lowe R J, Leon A S, Symonds G. 2015. The intertidal hydraulics of tide-dominated reef platforms. Journal of Geophysical Research: Oceans, 120: 4845-4868.

Lugo-Fernández A, Roberts H H, Suhayda J N. 1998a. Wave transformations across a Caribbean fringing-barrier coral reef. Continental Shelf Research, 18: 1099-1124.

Lugo-Fernández A, Roberts H H, Wiseman W J. 1998b. Tide effects on wave attenuation and wave set-up on a Caribbean coral reef. Estuarine Coastal & Shelf Science, 47: 385-393.

Monismith S G. 2007. Hydrodynamics of coral reefs. Annual Review of Fluid Mechanics, 39: 37-55.

Monismith S G. 2014. Flow through a rough, shallow reef. Coral Reefs, 33 (1): 99-104.

Monismith S G, Herdman L M M, Ahmerkamp S, et al. 2013. Wave transformation and wave-driven flow across a steep coral reef. Journal of Physical Oceanography, 43 (7): 1356-1379.

Oprandi A, Montefalcone M, Morri C, et al. 2019. Water circulation, and not ocean acidification, affects coral recruitment and survival at shallow hydrothermal vents. Estuarine, Coastal and Shelf Science, 217: 158-164.

Ouillon S, Douillet P, Lefebvre J P, et al. 2010. Circulation and suspended sediment transport in a coral reef lagoon: the south-west lagoon of New Caledonia. Marine Pollution Bulletin, 61: 269-296.

Pequignet A C, Becker J M, Merrifield M A. 2011. The dissipation of wind wave energy across a fringing reef at Ipan, Guam. Coral Reefs, 30 (1): 71-82.

Seelig W N. 1983. Laboratory study of reef-lagoon system hydraulics. Journal of Waterway Port Coastal & Ocean Engineering, 109 (4): 380-391.

Smith E R, Hesser T J, Smith J M. 2012. Two- and Three-Dimensional Laboratory Studies of Wave Breaking, Dissipation, Setup, and Runup on Reefs. U. S. Army Engineer Research and Development Center, Vicksburg, MS.

Sous D, Chevalier C, Devenon J J, et al. 2017. Circulation patterns in a channel reef-lagoon system, Ouano lagoon, New Caledonia. Estuarine, Coastal and Shelf Science, 196: 315-330.

Sous D, Dodet G, Bouchette F, et al. 2020. Momentum balance across a barrier reef. Journal of Geophysical Research: Oceans, 125: e2019JC015503.

Symonds G, Zhong L, Mortimer N A. 2011. Effects of wave exposure on circulation in a temperate reef environment. Journal of Geophysical Research, 116: C09010.

Taebi S, Lowe R J, Pattiaratchi C B, et al. 2011. Nearshore circulation in a tropical fringing reef system. Journal of Geophysical Research, 116 (C2): C02016.

Tait RJ. 1972. Wave set-up on coral reefs. Journal of Geophysical Research, 77 (12): 2207-2211.

Vetter O, Becker J M, Merrifield M A, et al. 2010. Wave setup over a pacific island fringing reef. Journal of Geophysical Research, 115: C12066.

Yao Y, Lo E Y M, Huang Z H, et al. 2009. An experimental study of wave-induced set-up over a horizontal reef with an idealized ridge//Proceedings of the 28th International Conference on Offshore Mechanics and Arctic Engineering (OMAE 2009), Honolulu, Hawaii, USA, 6: 383-389.

Yao Y, Tang Z J, Du R C, et al. 2016. A semi-analytical model on wave-induced setup over fringing reefs with a shallow reef crest. Journal of Disaster Research, 11 (5): 948-956.

Yao Y, Huang Z H, He W R, et al. 2018. Wave-induced setup and wave-driven current over Quasi-2DH reef-lagoon-channel systems. Coastal Engineering, 138: 113-125.

Yao Y, Liu Y C, Chen L, et al. 2020a. Study on the wave-driven current around the surf zone over fringing reefs. Ocean Engineering, 198: 106968.

Yao Y, He W R, Jiang C B, et al. 2020b. Wave-induced set-up over barrier reefs under the effect of tidal current. Journal of Hydraulic Research, 58 (3): 447-459.

Yao Y, Li Z Z, Xu C H, et al. 2022. A study of wave-driven flow characteristics across a reef under the effect of tidal current. Applied Ocean Research, 130: 103430.

Zheng J H, Yao Y, Chen S G, et al. 2020. Laboratory study on wave-induced setup and wave-driven current in a 2DH reef-lagoon-channel system. Coastal Engineering, 162: 103772.

第4章 珊瑚礁海岸低频长波运动

4.1 低频长波的产生和共振

在全球气候变暖导致海平面上升的大背景下，世界各国低海拔的珊瑚岛屿沿岸在风暴潮等极端海洋环境下面临的洪涝灾害风险日益上升（Yamano et al.，2007；Terry and Chui，2012；Hoeke et al.，2013），尽管学术界普遍认为珊瑚礁是海岸线的天然屏障（Ferrario et al.，2014），但是文献中时常有低海拔珊瑚环礁沿岸在风暴潮的作用下发生洪涝灾害的报道，而波浪岸滩爬高是评估海岸洪水最重要的指标（Cheriton et al.，2016）。

珊瑚礁海岸礁后岸滩波浪爬高主要由短波（频率区段为0.04～0.4Hz）、低频长波（频率区段为0.001～0.04Hz，又叫亚重力波或次重力波）和波浪增水共同组成（Merrifield et al.，2014）。大部分短波能量在礁缘附近发生波浪破碎被耗散，随后在礁坪又进一步被底部摩擦消耗，因此，波浪爬高主要受海岸附近低频长波的影响（图4.1）。

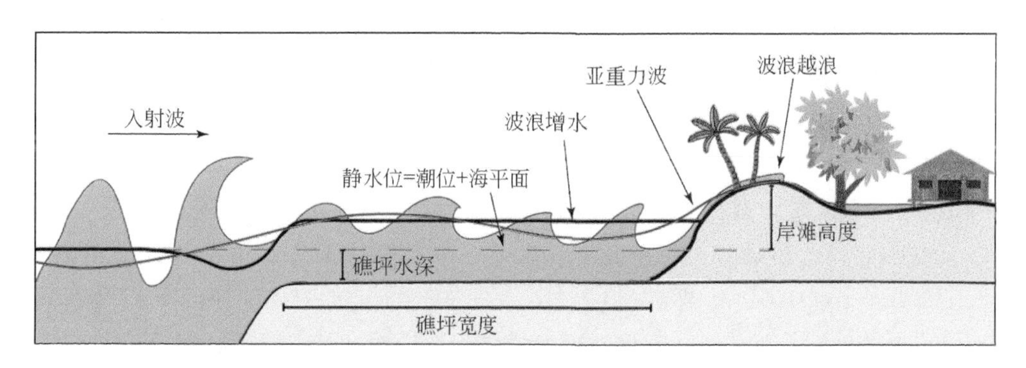

图4.1 波浪与珊瑚礁海岸相互作用示意（Beetham and Kench，2018）

文献中对于珊瑚礁地形上低频长波的产生机理主要有两种观点（图4.2）：第一种是约束长波（bound long waves，BLW），其与入射波群反相（相位差180°）（Longuet-Higgins and Stewart，1962），当它们在向海岸传播时，能量会从短波转移到长波（Janssen et al.，2003），在浅水中波浪破碎时通常可以释放出来变为自由波（free wave）继续传播到海岸，自由波在礁后岸滩发生反射后可能返回外海，也可能在岸线附近产生边缘波（edge wave）；第二种是由波浪破碎点的移动产生低频长波，即破碎点驱动的长波（breakpoint-forced long waves，BFLW），其与由波群调制的随时间变化的波浪增水相关（Symonds et al.，1982），导致破碎点以波群的频率摆动从而产生低频长波。根据 BFLW 机制，会产生两个低频长波，都源于波浪破碎点，一个是传播向海岸且与波群同相位，另一个向外海传播且与波群反相位。低频长波一旦释放，可能会通过底床摩擦耗散能量，也可能会将能量转移到其他频率，还可能发生破碎或与反射波叠加形成驻波。Baldock（2012）提出一个衡量两种机制相对重要性的经验表达式，被称为破波相似系数（ξ_{surfbeat}），其与海床相对坡度和入射短波波陡相关，ξ_{surfbeat}值较小时 BLW 占主导作用，较大时 BFLW 占主导作用。由于珊瑚礁礁前斜坡普遍较陡（通常大于 1∶20），礁坪上以 BFLW 为主，这与相关文献中的报道一致（Péquignet et al.，2009；Pomeroy et al.，2012）

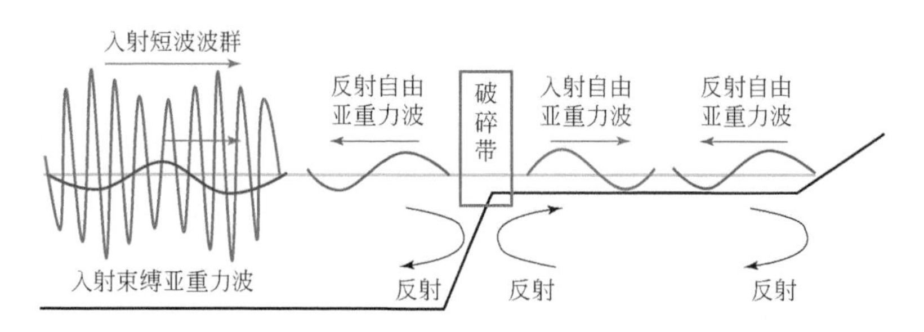

图 4.2　亚重力波在珊瑚礁地形上的产生及传播过程

由于珊瑚礁剖面在垂直于海岸的方向通常是半封闭地形，波浪传播过程中产生的低频长波会在不同周期和礁坪水深组合时表现出不同的运动特征，在某些情况下特别是风暴潮引起的高潮位时，低频长波更易于在礁坪上发生共振现象，引起海岸线附近低频波的放大效应（Péquignet et al.，2009；Pomeroy et al.，2012；Becker et al.，2016），加剧海岸爬高即发生洪涝灾害的风险。文献中，Gawehn 等（2016）分析了马绍尔群岛 Roi-Namur 岛上某处岸礁近 5 个月的现场观测数据，将极低频波（very low frequency wave，频率区段为 0.001～0.005HZ）的传播分为四种模式：共振、驻波、波高沿礁增长和波高沿礁衰减，具体产生条件如表 4.1 所示，四种模式占比分别为 3.6%、31.1%、28.5% 和 36.8%；其中共振模式下的低频长波在岸线附近的振幅最大，从外海入射波群到礁坪上的能量传递是其他类型的 5 倍。

表 4.1　Roi-Namur 岛上某处岸礁不同类型极低频波的产生条件及其占比（Gawehn et al.，2016）

极低频波分类	观测占比/%	产生条件	
		礁坪水深/m	周期/d
共振	3.6	>0.5	>11
驻波	31.1	>0.5	
波高沿礁增长	28.5	0.4～1.0	
波高沿礁衰减	36.8	<0.5	

具体来说，垂直于海岸方向低频长波的共振模式受到潟湖的影响又可能存在多种方式。例如，Yao 等（2023）通过模拟珊瑚礁-潟湖系统内波浪的运动，发现沿礁传播的低频长波既可以从外礁缘处和内礁缘处反射，也可以从海岸反射，入射波和反射波叠加产生驻波，根据产生反射位置的不同，可能会形成如图 4.3 所示的四种共振模式，其固有频率 T_n 的计算公式分别如下。

礁坪半开放的共振模式下的固有频率：

$$T_n = \frac{4W_r}{(2N+1)\sqrt{g(h_r+\overline{\eta}_r)}} \quad N=0,1,2,\cdots \tag{4.1}$$

礁坪和潟湖半开放的共振模式下的固有频率：

$$T_n = \frac{4(W_r+W_l)}{(2N+1)\sqrt{g(h_r+\overline{\eta}_r)}} \quad N=0,1,2,\cdots \tag{4.2}$$

礁坪两端封闭的共振模式下的固有频率：

$$T_n = \frac{2W_r}{(N+1)\sqrt{g(h_r+\overline{\eta}_r)}} \quad N=0,1,2,\cdots \tag{4.3}$$

潟湖两端封闭的共振模式下的固有频率：

$$T_n = \frac{2W_l}{(N+1)\sqrt{g(h_l+\overline{\eta}_l)}} \quad N=0,1,2,\cdots \tag{4.4}$$

式中，W_r 表示礁坪宽度；W_l 表示潟湖宽度；h_r 表示礁坪水深；h_l 表示潟湖水深；$\overline{\eta}_r$ 表示礁坪上增水；$\overline{\eta}_l$ 表示潟湖中增水。

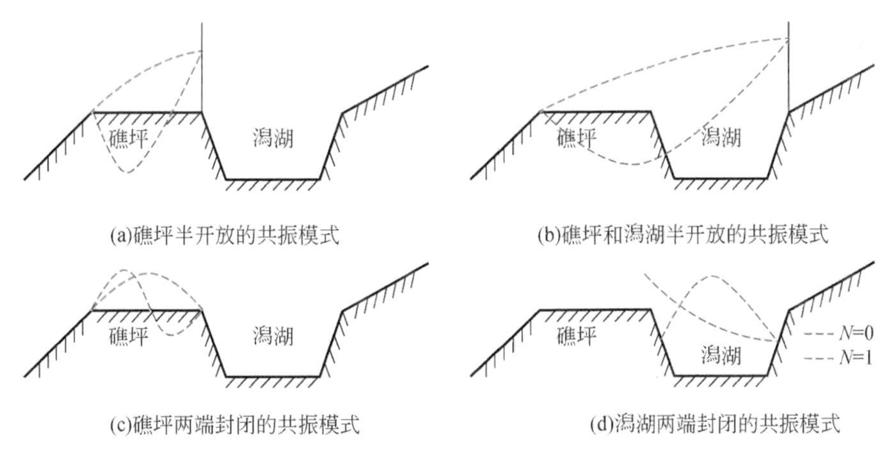

图 4.3 珊瑚礁-潟湖系统中可能存在的共振模式（Yao et al., 2023）

4.1.1 现场观测

国内外学者们着重通过现场测量来分析垂直岸线方向低频长波的沿礁运动，黎满球等

(2003）通过对1999年4月南沙群岛永暑礁珊瑚礁坪上的波浪测量数据进行分析，发现波浪在礁坪上传播过程中高频损失的能量多于低频损失，谱能量向低频转移。Péquignet 等（2009）对热带风暴万宜作用期间关岛 Ipan 礁进行了现场观测，发现近岸低频波的共振主导了海岸附近水位的变化，波浪增水导致礁坪水位大幅增加，从而提升了系统的共振频率，当远海波群作用的时间尺度与该共振频率相匹配时，低频长波的振幅显著增强。Pomeroy 等（2012）在西澳大利亚的 Ningaloo 礁上某处进行了为期3周的实地研究，发现短波在礁坪上逐渐消散，低频长波能量沿礁增加，通过理论分析证明了在具有陡峭礁前斜坡的珊瑚礁上低频长波的产生主要是由破碎点的移动主导。Quataert 等（2015）在马绍尔群岛 Roi-Namur 礁上某处进行了为期6个月的现场观测，发现气候变化造成的礁坪水深增大（海平面上升）和礁面粗糙度降低（珊瑚退化）会导致礁后岸滩爬高增大，海岸洪水风险增加。Becker 等（2016）通过对马绍尔群岛夸贾林（Kwajalein）环礁和马朱罗（Majuro）环礁、关岛 Ipan 礁以及塞班岛 Laulau 湾的波浪和水流进行测量，研究了这些地区的低频长波运动，通过经验正交函数分析发现，水位低频变化是呈模态的，通过对入射和反射的波能流分析证明，在较大波浪作用时礁坪上存在不完全的驻波。Beetham 等（2016）在图瓦卢富纳富提（Funafuti）环礁的 Fatato 岛进行了为期62天的观测实验，研究不同潮汐阶段短波、低频长波和波浪增水对礁后岸滩爬高的影响，结果表明，短波在近岸受潮汐调制，低潮位时的波高衰减和增水产生大于高潮位；潮汐对低频长波无调制作用，整个潮汐阶段均能观察到低频长波沿礁向岸方向逐渐增大。Cheriton 等（2016）在马绍尔群岛 Roi-Namur 岛上某处岸礁进行了为期5个月的现场测量，在大潮期间捕捉到了两个波浪较大事件，发现在礁坪上产生了能量较大的低频长波，进一步研究发现外海高潮位与礁坪上低频长波的叠加将产生海岸洪水。Sous 等（2019）在新喀里多尼亚的 Ouano 堡礁进行为期两个月的野外实验，发现珊瑚礁上涌浪衰减的同时能量向亚重力波和极低频波波段转移，该系统中存在两种非常低频的驻波模式，是由堡礁的内礁缘反射或潟湖后的海岸反射造成。Cheriton 等（2020）在具有不同地貌的太平洋岛屿的7个珊瑚礁收集了现场波浪测量资料，发现礁前斜坡坡度和礁坪水深是低频长波产生的主要控制因素，同时揭示了礁坪宽度和坡度对低频长波的波高、不对称性和偏度的重要影响。

上述研究均在野外进行，研究发现低频波的产生和沿礁的运动可能受到特定观测地点的入射波谱、潮位、礁面糙率、礁面形态等因素的制约，其结论的普适性受到影响，而且现场观测需耗费大量的资源，并且仅能获取特定时间段某些观测站的数据。

4.1.2 物理模型实验

由于珊瑚礁形态和水动力过程的复杂性，部分学者开始通过物理模型实验来系统地研究低频长波的产生与传播问题，大多在波浪水槽中将珊瑚礁概化成一个由坡度较陡的礁前斜坡段和水平的礁坪段组成的简单台阶地形进行研究。早期，Seelig（1983）通过物理模型实验开展了规则波和不规则波作用下理想珊瑚礁潟湖系统内的平均水位、波浪破碎、波浪透射以及岸滩波浪爬高的研究，发现波浪爬高会受到近海破波拍的节制，并强调了低频长波的贡献。Demirbilek 等（2007）运用物理模型实验研究了不规则波作用下礁坪上的波浪增水和礁后岸滩上的波浪爬高问题，发现低频长波从礁冠到岸线沿礁增大，随着礁坪水位的增加，低频波能量也随之增加，通过理论分析证明了礁坪上存在一阶共振模式。Pomeroy 等（2015）通过实验室实验证明低频长波的偏度和不对称性可能有助于沉积物和其他物质的沿礁输运，在大型风暴引起的极端海浪事件中，这种运输可能是海岸线侵蚀或淤积的决定性因素。Buckley 等（2018）将小方块体阵列均匀布置在礁前斜坡和礁坪上来模拟粗糙的珊瑚礁面，发现礁面粗糙时波浪增水和低频长波是海岸爬高的主要组成部分；低频长波的产生与外海入射波群相关，随后其在礁坪和岸线上形成驻波；与光滑礁面相比，粗糙礁面同时抑制了礁坪上短波和低频长波的传播，导致波浪爬高平均降低了 30%。Tuck 等（2018）以图瓦卢的富纳富提环礁上迎风面的一个地点为原型建立物理实验模型，通过实验研究发现潮汐对珊瑚礁坪上短波波高有调制作用，对低频长波波高几乎无影响，低频长波波高与外海有效波高成正比；波浪传播过程中波谱在时空上发生演变，在远海端短波能量占主导地位，在礁坪上低频长波能量占主导地位。陈松贵等（2018）基于大比尺水槽实验研究不规则波在建有防浪堤的珊瑚礁陡变地形上的传播变形规律，发现随着传播距离的增加，高频能量不断减小，能量向低频区段转移，会产生 10 倍以上入射波周期的低频波浪，且越靠近防波堤，低频能量越大。Yao 等（2019）在波浪水槽中进行了一系列物理模型实验，研究了不同礁形特征（有/无礁冠、潟湖和礁面糙率）对海岸附近低频长波的影响，发现礁冠和潟湖存在时，对低频长波波高的影响大小取决于礁坪水深；相较于光滑礁面，粗糙礁面上的低频长波显著减小，但沿礁变化趋势一致。姚宇等（2019a）在波浪水槽中进行了一系列物理模型实验，研究了礁坪宽度变化对珊瑚礁海岸附近波浪传播变形的影响，结果表明，波浪在沿礁传播过程中，短波持续衰减，低频长波波高沿礁逐渐增大，直到海岸线附近达到最大，礁坪上低频长波的运动存在着一阶共振模式，且共振放大效应强度受礁坪水深、入射波峰周期和礁坪宽度共同影响。随后，姚宇等（2019b）又采用不同排列方式的圆柱体阵列来模拟礁缘破碎带附近礁面粗糙度的变化，发现海岸线附近短波和低频长波波高均随着礁面糙率密度的增加而减小。Masselink 等（2019）以图瓦卢富纳富提环礁边缘的一个无人岛为原型建立物理实验模型，通过实验研究了珊瑚礁上低频长波的运动特征，发现礁前斜坡坡度是影响低频长波产生机制的关键因素，礁坪上砂岛的存在显著增加了低频长波波高，而礁面粗糙度则降低了低频长波波高。Zhu 等（2021）通过物理模型实验分别研究了低频长波在岸礁和台礁地形上的运动，发现岸礁上低频长波波高远大于台礁上的波高，并认为主要是岸礁地形上入射和反射低频长波的叠加以及更强烈的波浪破碎导致了低频长波的增大。

以上研究均是在波浪水槽中进行的水平一维物理模型实验，文献中对水平二维珊瑚礁地形上低频长波运动的实验室研究相对较少。Smith 等（2012）在波浪港池中进行了物理模型实验，以真实水平二维岸礁地形为原型测量了礁坪上的波浪传播变形和增水以及礁后岸滩爬高，研究发现，短波能量在礁坪上迅速消散，而低频长波能量几乎保持不变；波浪爬高沿岸方向的最大值出现在礁坪中轴线位置，最小值则出现在距中轴线最远处。Yao 等（2020）通过港池实验研究了珊瑚礁–潟湖–口门水平二维环流系统中波浪的运动问题，发现低频长波波高从礁缘到礁坪内侧逐渐增大并在礁坪中间位置达到峰值，随后开始沿礁减小，潟湖中低频长波波高与短波波高几乎相同；在沿岸方向，从礁坪中间位置到口门的低频长波波高出现沿程下降趋势；最后还讨论了该系统中垂直于海岸方向可能激发的三种共振模式。

4.2 基于机器学习的方法预测海岸爬高

目前我国南海远海岛礁的基础水文地形数据十分匮乏，对于远海岛礁海岸灾害评估传统的基于过程的模拟方法存在计算速度慢，对水动力计算基础资料要求高的缺点，随着人工智能和大数据时代到来，与之相关的基于机器学习和数据驱动的方法开始在珊瑚礁水动力学领域得到应用，如珊瑚礁地形上波浪破碎问题（Kouvaras and Dhanak，2018）和防波堤越浪问题（Liu et al.，2020）。这类方法预测速度快，精度高，不依赖对物理过程精确描述，但需要大量的经验数据对模型进行训练。

国外文献中报道了一些学者将该类方法应用于对珊瑚礁海岸波浪要素的预测并由此开展了海岸灾害预警系统的研发。例如，Pearson 等（2017）运用数值模型生成的数据集开发了一种基于贝叶斯网络的珊瑚礁海岸灾害评估系统，系统中详细考虑了各种珊瑚礁形态因素和波浪动力因素对礁后岸滩波浪爬高的影响（图 4.4）。Callaghan 等（2018）建立了一种基于物理过程的模型与贝叶斯网络相结合的方法来预测珊瑚礁海岸波浪运动情况，建立了海岸波浪预报数据库，并指出了贝叶斯网络用于此种结合的三个优势。Baldock 等（2019）通过数值模型模拟产生数据集，采用基于贝叶斯网络的预测方法分析了礁后岸滩对全球气候变化带来的海平面上升和珊瑚礁退化的响应规律。Scott 等（2020）基于全球珊瑚礁现场观测数据，采用数值模拟结合机器学习的方法开发了一组适用于珊瑚礁海岸洪水预警的大型数据库，能准确地展现各种珊瑚礁海岸的波浪爬高情况，该系统可服务于珊瑚礁修复工程和海岸洪水预警系统。Yao 等（2021）基于数值模型产生的数据集，利用机器学习技术建立了多层感知器（multi-layer perceptorn，MLP）神经网络模型，证明了该模型对珊瑚礁海岸孤立波的爬高具有较强的预测能力，可应用于珊瑚礁海岸海啸灾害预警系统的构建。Franklin 和 Torres-Freyermuth（2022）采用数值模型模拟了不同波浪、水位和珊瑚礁形组合下礁后岸滩的波浪爬高，基于数模结果采用基于遗传编程的机器学习技术识别最适合于预测波浪爬高的影响因子。

目前，基于机器学习的方法尚未应用到对存在人工建筑物的环礁海岸波浪要素的预测。对于该类系统来说，需要考虑更多的地形参数（如口门、潟湖、防浪建筑物等）作为模型的输入因子，并着重解决用于模型训练的基础数据的匮乏问题。

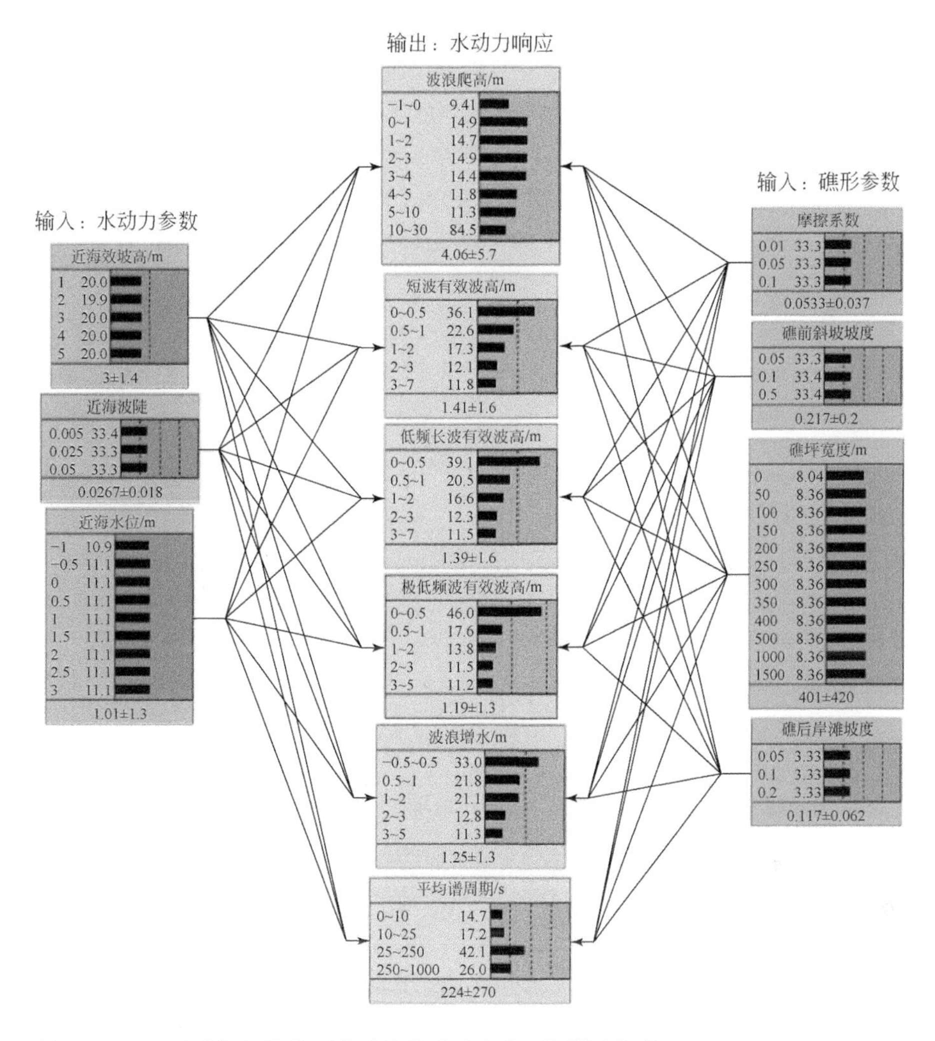

图 4.4 基于贝叶斯网络的珊瑚礁海岸波浪爬高预测模型架构（Pearson et al.，2017）

4.3 总结与展望

4.3.1 结论

珊瑚礁海岸具有特殊的陡变地形，相对于普通沙质海岸，低频长波被发现是波浪爬高更为重要的组成成分，可能引发海岸极端洪水事件，同时还与珊瑚礁上的泥沙输运息息相关，因此，近十几年来在珊瑚礁海岸水动力学研究领域得到了广泛的关注。本章首先简述了低频长波的产生机理及其共振类型，随后从现场观测和物理模型实验方面综述了国内外文献中关于珊瑚礁海岸低频长波运动的研究现状，关于数值模拟方法在该领域的应用详见

第6章。在现场观测方面，学者们主要分析低频长波的产生机理、共振机制及其影响因素。在物理模型实验方面，大多数学者主要采用水平一维波浪水槽实验，研究珊瑚礁概化地形下低频长波的运动特征，亦有少量学者将物理模型实验拓展到了三维港池实验，考虑了低频长波的沿岸运动。本章最后综述了基于机器学习方法在珊瑚礁海岸防灾减灾方面的一些研究成果，通常的手段是基于现场观测或数值模拟产生大量数据集，再对所采用的基于机器学习的模型进行训练和校核，并以此为基础建立珊瑚礁海岸洪水灾害快速预警系统。

4.3.2 展望

今后对珊瑚礁海岸低频长波运动的研究可着重关注以下几个方面：现场观测方面，目前文献中相关的现场测量主要集中在东太平洋、南太平洋、澳大利亚沿海等地的珊瑚礁，我国南海岛礁的观测数据相对缺乏，未来需要进一步补充；物理模型实验方面，当前物理模型实验主要采用水平一维波浪水槽来实现，虽然少数拓展到了三维港池实验，未来仍需要采用港池实验进一步研究更为复杂的珊瑚礁系统（如环礁）中的低频长波运动；关于珊瑚礁海岸灾害预警系统的研发，未来可考虑建立针对我国南海珊瑚礁的现场水文数据集，并以此为依托采用基于机器学习的方法提供更为快速、准确的预报。

参考文献

陈松贵，张华庆，陈汉宝，等.2018. 不规则波在筑堤珊瑚礁上传播的大水槽实验研究. 海洋通报，37（5）：576-582.

黎满球，朱良生，隋世峰.2003. 珊瑚礁坪波浪的衰减特性分析. 海洋工程，（2）：71-75.

姚宇，何天城，唐政江，等.2019a. 珊瑚礁礁坪宽度对波浪传播变形及增水影响的实验研究. 热带海洋学报，38（2）：13-19.

姚宇，张起铭，蒋昌波.2019b. 礁面糙率变化下珊瑚礁海岸附近波浪传播变形试验. 科学通报，64（9）：977-985.

Baldock T E. 2012. Dissipation of incident forced long waves in the surf zone—Implications for the concept of "bound" wave release at short wave breaking. Coastal Engineering，60：276-285.

Baldock T E，Shabani B，Callaghan D P. 2019. Open access bayesian belief networks for estimating the hydrodynamics and shoreline response behind fringing reefs subject to climate changes and reef degradation. Environmental Modelling & Software，119：327-340.

Becker J M，Merrifield M A，Yoon H. 2016. Infragravity waves on fringing reefs in the tropical pacific：dynamic setup. Journal of Geophysical Research：Oceans，121：3010-3028.

Beetham E，Kench P S. 2018. Predicting wave overtopping thresholds on coral reef-island shorelines with future sea-level rise. Nature Communications，9：3997.

Beetham E，Kench P S，O'Callaghan J，et al. 2016. Wave transformation and shoreline water level on Funafuti atoll，Tuvalu. Journal of Geophysical Research：Oceans，121：311-326.

Buckley M L, Lowe R J, Hansen J E, et al. 2018. Mechanisms of wave-driven water level variability on reef-fringed coastlines. Journal of Geophysical Research: Oceans, 123: 3811-3831.

Callaghan D P, Baldock T E, Shabani B, et al. 2018. Communicating physics-based wave model predictions of coral reefs using bayesian belief networks. Environmental Modelling & Software, 108: 123-132.

Cheriton O M, Storlazzi C D, Rosenberger K J. 2016. Observations of wave transformation over a fringing coral reef and the importance of low-frequency waves and offshore water levels to runup, overwash, and coastal flooding. Journal of Geophysical Research: Oceans, 121: 3121-3140.

Cheriton O M, Storlazzi C D, Rosenberger K J. 2020. In situ observations of wave transformation and infragravity bore development across reef flats of varying geomorphology. Frontiers in Marine Science, 7: 351.

Demirbilek Z, Nwogu O G, Ward D L. 2007. Laboratory study of wind effect on runup over fringing reefs. Report 1: Data Report. Coastal and Hydraulics Laboratory Technical Report ERDC/CHL-TR-07-4.

Ferrario F, Beck M W, Storlazzi C D, et al. 2014. The effectiveness of coral reefs for coastal hazard risk reduction and adaptation. Nature Communications, 5 (1): 3794.

Franklin G L, Torres-Freyermuth A. 2022. On the runup parameterisation for reef lined coasts. Ocean Modelling, 169: 101929.

Gawehn M, van Dongeren A, van Rooijen A, et al. 2016. Identification and classification of very low frequency waves on a coral reef flat. Journal of Geophysical Research: Oceans, 121: 7560-7574.

Hoeke R K, McInnes K L, Kruger J, et al. 2013. Widespread inundation of Pacific islands by distant-source wind-waves. Global Environmental Change, 108: 128-138.

Janssen T T, Battjes J A, van Dongeren A R. 2003. Long waves induced by short wave groups over a sloping bottom. Journal of Geophysical Research, 108 (C8): 3252.

Kouvaras N, Dhanak M R. 2018. Machine learning based prediction of wave breaking over a fringing reef. Ocean Engineering, 147: 181-194.

Liu Y, Li S, Zhao X, et al. 2020. Artificial neural network prediction of overtopping rate for impermeable vertical seawalls on coral reefs. Journal of Waterway, Port, Coastal, and Ocean Engineering, 146: 04020015.

Longuet-Higgins M S, Stewart R W. 1962. Radiation stress and mass transport in gravity waves with applications to 'surf beats'. Journal of Fluid Mechanics, 13: 481-504.

Masselink G, Tuck M, McCall R, et al. 2019. Physical and numerical modeling of infragravity wave generation and transformation on coral reef platforms. Journal of Geophysical Research: Oceans, 124: 1410-1433.

Merrifield M A, Becker J M, Ford M, et al. 2014. Observations and estimates of wave-driven water level extremes at the Marshall Islands. Geophysical Research Letters, 41: 7245-7253.

Pearson S G, Storlazzi C D, van Dongeren A R, et al. 2017. A bayesian-based system to assess wave-driven flooding hazards on coral reef-lined coasts. Journal of Geophysical Research: Oceans, 122: 10099-10117.

Péquignet A C N, Becker J M, Merrifield M A, et al. 2009. Forcing of resonant modes on a fringing reef during tropical storm Man-Yi. Geophysical Research Letters, 36 (3).

Pomeroy A, Lowe R, Symonds G, et al. 2012. The dynamics of infragravity wave transformation over a fringing reef. Journal of Geophysical Research: Oceans, 117 (C11).

Pomeroy A W M, Lowe R J, van Dongeren A R, et al. 2015. Spectral wave-driven sediment transport across a fringing reef. Coastal Engineering, 98: 78-94.

Quataert E, Storlazzi C, van Rooijen A, et al. 2015. The influence of coral reefs and climate change on wave-driven flooding of tropical coastlines. Geophysical Research Letters, 42: 6407-6415.

Scott F, Antolinez J A A, McCall R, et al. 2020. Hydro- morphological characterization of coral reefs for wave runup prediction. Frontiers in Marine Science, 7: 361.

Seelig W N. 1983. Laboratory study of reef- lagoon system hydraulics. Journal of Waterway, Port, Coastal, and Ocean Engineering, 109: 380-391.

Smith E R, Hesser T J, Smith J M. 2012. Two- and three- dimensional laboratory studies of wave breaking, dissipation, setup, and runup on reefs. ERDC/CHL TR-12-21. U. S. Army Engineer Research and Development Center, Vicksburg, MS.

Sous D, Tissier M, Rey V, et al. 2019. Wave transformation over a barrier reef. Continental Shelf Research, 184: 66-80.

Symonds G, Huntley D A, Bowen A J. 1982. Two-dimensional surf beat: long wave generation by a time-varying breakpoint. Journal of Geophysical Research, 87 (C1): 492-498.

Terry J P, Chui T FM. 2012. Evaluating the fate of freshwater lenses on atoll islands after eustatic sea-level rise and cyclone-driven inundation: a modelling approach. Global and Planetary Change, 88-89: 76-84.

Tuck M E, Ford, M R, Masselink G, et al. 2018. Physical modelling of reef platform hydrodynamics. Journal of Coastal Research, 85: 491-495.

Yamano H, Kayanne H, Yamaguchi T, et al. 2007. Atoll island vulnerability to flooding and inundation revealed by historical reconstructions: Fongafale Islet, Funafuti Atoll, Tuvalu. Global and Planetary Change, 57: 407-416.

Yao Y, Zhang Q M, Chen S G, et al. 2019. Effects of reef morphology variations on wave processes over fringing reefs. Applied Ocean Research, 82: 52-62.

Yao Y, Chen S G, Zheng J H, et al. 2020. Laboratory study on wave transformation and run- up in a 2DH reef-lagoon-channel system. Ocean Engineering, 215: 107907.

Yao Y, Yang X X, Lai S H, et al. 2021. Predicting tsunami-like solitary wave run-up over fringing reefs using the multi-layer perceptron neural network. Natural Hazards, 107 (1): 601-616.

Yao Y, Peng E M, Liu W J, et al. 2023. Modeling wave processes in a reef- lagoon- channel system based on a Boussinesq model. Ocean Engineering, 268: 113404.

Zhu G C, Ren B, Dong P, et al. 2021. Experimental investigation on the infragravity wave on different reef systems under irregular wave action. Ocean Engineering, 226: 108851.

第5章 海啸波与珊瑚礁海岸的相互作用

5.1 研究背景

海啸是一种极具破坏性的自然灾害，可由海底地震、滑坡、火山爆发等造成。海啸波在近岸处由于水深变浅，波高急剧增加，其蕴含的大量能量可对沿海地区造成巨大损害。海啸的发展取决于许多因素，主要包括海啸高度、海岸形态、海岸植被和土地利用情况等。海啸破坏主要发生在沿海地区，产生的海啸波冲击海滩，漫过和摧毁海岸建筑物，淹没沿海城镇和村庄等，对人类生命财产构成了严重的威胁，这种毁灭性的灾害在2004年印度洋海啸和2011年日本东北部海啸中均得到了印证。近年来，生物海岸（红树林、珊瑚礁等）对海啸波的积极防御作用引起了从事灾后调查的学者们的广泛关注（Liu et al.，2005；Marris，2005；Papadopoulos et al.，2006）。典型的珊瑚礁地形主要由连接深海海床较陡的礁前斜坡和延伸至海岸且水深较浅的水平礁坪组成。在礁前斜坡和外侧礁坪上常常有充分发育的珊瑚群落，造成其地形地貌结构复杂多变和礁面粗糙度大且不均匀。海啸波向岸线传播过程中，由于在礁缘附近发生破碎和在礁面上摩擦损耗消耗了大量的入射波能，同时海啸作用反过来也可能对脆弱的珊瑚结构造成重大破坏。因此研究海啸波在珊瑚礁海岸附近的传播变形特征，可为评估珊瑚礁地形对海啸灾害的防治作用提供理论参考依据。

南海地区的珊瑚岛礁邻近马尼拉海沟附近的地震带，是我国海啸灾害高风险区。因此海啸风险下的南海岛礁安全面临更为现实的挑战，因此开展海啸灾害影响下该类人工岸线的防灾减灾研究对我国岛礁的维护也具有十分重要的意义。

5.2 现场观测

海啸威胁着世界多地的低海拔沿海地区，许多珊瑚礁生态系统位于潜在的海啸源和人口密集的海岸线之间，可以为该类地区海岸提供高效的第一道防线（Ferrario et al.，2014）。文献中，Fernando等（2005）对2004年12月26日苏门答腊海啸的破坏遗迹的调查表明，斯里兰卡近海的珊瑚礁减缓了海啸的影响，在珊瑚礁存在水流通道（口门）的地方，海啸能够淹没到内陆约1.5km的范围；然而，在几公里外没有通道的整片珊瑚礁上，海啸只向内陆移动了50m。Kench等（2008）通过对马尔代夫Maalhosmadulu环礁南部11个无人岛屿在2004年苏门答腊海啸前后的地形进行测量，揭示了海啸在不同时间尺度上对岛礁地貌演变的影响，海啸对于当地环礁的短期影响不大，它加剧了海岸线随季节而产生的周期性变化，其中侵蚀地形和越浪沉积物都集中在海啸暴露的岛屿东侧，对背浪侧的影响主要为淤积作用，表现为沙嘴地貌并向海延伸；海啸所带来的沉积物可能通过季节性侵蚀和堆积改变造成环礁发生长期性的演变，决定了岛屿在珊瑚礁坪上的形状和位置。2009 年 9 月 29 日，南太平洋岛国萨摩亚和美属萨摩亚群岛附近发生了 8.3 级地震并引发海啸，许多学者对这次地震和海啸的影响进行了一系列的研究，如 Koshimura 等（2009）在美属萨摩亚群岛的图图伊拉（Tutuila）岛进行了海啸灾后的实地调查，发现海啸波波高和爬高在不同的地方差异很大，西海岸的村庄几乎被海啸全部摧毁，其中波洛阿（Poloa）的最大波浪爬高高达 16.3m，Amanave 的淹没水深为 12.4m，海啸侵入内陆约 200m；西南海岸 Leone 淹没水深为 6m；中部海岸帕果帕果港淹没水深为 5m、水流深度为 2m 并向内陆传播约 500m；东海岸图拉（Tula）淹没水深小于 6m。Robertson 等（2010）利用水下遥控机器人（remote-operated vehicle，ROV）采集的视频图像评估美属萨摩亚群岛的图图伊拉岛波洛阿和 Leone 海岸附近珊瑚礁在海啸中的受损情况，发现随着水深越浅或离海岸的距离越近，珊瑚礁受到海啸的影响越严重；Leone 海岸在水深 20m 的地方发现了珊瑚碎片，而大部分珊瑚损害发生在约 12m 或更浅的水域；类似的波洛阿海岸在水深 30m 处发现碎片，大面积珊瑚损伤发生在约 17m 的水域。McAdoo 等（2011）对美属萨摩亚群岛乌波卢（Upolu）岛珊瑚礁系统受到的损害进行了观测，发现不同位置的珊瑚礁和同一珊瑚礁不同区域受到的破坏程度不一；相对于海啸直接接触的地区，岛的背风侧几乎不受影响；尽管海啸发生后的一个月内该岛渔业、旅游业以及服务业受到了影响，但随着珊瑚礁的恢复，相关业务能够迅速恢复破坏前的状态。Witt 等（2011）通过现场观测的方法研究了海啸对美属萨摩亚群岛周围珊瑚礁和沉积物的影响，调查发现，海啸的传播导致该地的珊瑚礁被破坏，几乎所有种类的珊瑚均有破碎；海啸波从珊瑚礁向外海方向回落时导致珊瑚礁上沉积物的侵蚀，高速回流造成的剪切应力是珊瑚礁遭受损毁的主要原因。Ford 等（2014）观测到了 2011 年日本东北部 9.0 级地震引发的海啸在马绍尔群岛马朱罗环礁和夸贾林环礁的某岸礁上和潟湖中的传播，并利用 SONG 模型（Song et al., 2012）和 MOST 模型（Tirov and Gonzalez, 1997）对环礁附近海啸进行了数值模拟，对比现场观测和数值模拟结果发现，环礁外海啸波高与外礁坪上海啸波高相似，均小于潟湖内的海啸波高；海啸波在礁后岸滩上随潮位的增长而增加；夸贾性环礁具有更不规则的潟湖形状，导致传播至此潟湖内的海啸波较弱，但海啸传播至潟湖内会导致水面突然升高。Chunga-Llauce 和 Pacheco（2021）对地震和海啸如何影响珊瑚礁动力地貌、生物群落进行了综述，发现地震和海啸的扰动使珊瑚礁海岸线发生了剧烈的变化，海啸波的作用导致珊瑚礁沉积物的侵蚀；地震和海啸造成了珊瑚礁生物群落的退化，部分小型底栖生物能够迅速恢复到破坏前的状态，因此受到的影响较小，而某些大型藻类在短时间内会遭到严重的破坏，且恢复周期比较长。

5.3 物理模型实验

众多的观测表明，海啸波首波与孤立波非常接近，故学术界通常采用孤立波来模拟海啸波。与前面章节讲述的规则波和不规则波的研究相比，国内外文献中利用物理模型实验来研究孤立波与珊瑚礁地形相互作用问题的研究相对较少。Quiroga 和 Cheung（2013）采用与水槽等宽且等间距排列的矩形木条来模拟礁面的粗糙度，通过物理模型实验研究了粗糙礁面下孤立波的传播变形问题，发现孤立波在粗糙表面传播会更早地发生破碎并在礁前斜坡处损耗更多的能量，且在礁坪上的传播速度会变缓。Yao 等（2018）在波浪水槽中进行了物理模型实验，利用在礁缘附近布置圆柱体阵列来模拟礁面上存在鹿角类珊瑚群落时的粗糙度，研究了入射波高、礁坪水深、潟湖宽度和礁面粗糙度等因素对孤立波在岸礁地形上的传播变形和礁后岸滩爬高的影响，并基于实验数据提出了预测波浪爬高的经验公式。Yao 等（2020）和杨笑笑等（2021）将 Yao 等（2018）礁面糙率设置延伸到了整个礁前斜坡和礁坪，测量了孤立波在礁坪上的传播变形和礁后岸滩上的爬高，发现粗糙礁面的存在显著削弱了礁坪上孤立波的首峰和礁后岸滩反射造成的次峰，无量纲化后的岸滩波浪爬高相对于光滑礁面平均减小 46%；考虑了入射波高、礁坪水深和礁面粗糙度的影响，提出了预测波浪爬高的经验公式，并指出礁坪水深与入射波高的比值是控制波浪爬高的关键参数。

5.4 总结与展望

珊瑚礁作为海岸线的天然防护屏障，其在抵御海啸灾害中的积极作用得到了现有的现场观测和灾后调查研究的一致认可；反过来，海啸不仅会短期影响珊瑚礁系统中的水动力过程，而且会对系统中动力地貌环境和生物群落产生较为长期的影响，甚至损害到珊瑚礁结构和改变原有岸线冲淤平衡。但由于海啸属于发生频率非常低的事件，除了采用灾后调查的方式外，如何尽可能获取海啸发生时珊瑚礁附近实时的水动力数据仍需要进一步完善现有的海啸监测装置和预警系统。现有的物理模型实验主要研究了孤立波在概化珊瑚礁地形上的传播和礁后岸滩上的爬高，部分研究考虑了礁面粗糙度的影响，提出了预测岸滩爬高的经验公式。但是，现有物理模型实验研究同样存在前述比尺效应的问题，造成原型波高远小于真实的海啸波高，今后需要采用更大比尺的波浪水槽实验；同时如何在实验室生成更为接近真实海啸的波浪（如采用 *N* 波、溃坝波等）来代替孤立波，也是今后一个重要的改进方向。

参 考 文 献

杨笑笑，姚宇，郭辉群，等．2021．礁面大糙率存在下孤立波传播变形及爬高实验研究．海洋学报，43（3）：24-30.

Chunga-Llauce J A, Pacheco A S. 2021. Impacts of earthquakes and tsunamis on marine benthic communities: a review. Marine Environmental Research, 171: 105481.

Fernando H J S, McCulley J L, Mendis S G, et al. 2005. Coral poaching worsens tsunami destruction in Sri Lanka. EOS, Transactions of the American Geophysical Union, 86 (3): 301-304.

Ferrario F, Beck M W, Storlazzi C D, et al. 2014. The effectiveness of coral reefs for coastal hazard risk reduction and adaptation. Nature Communications, 5 (1): 1-9.

Ford M, Becker J M, Merrifield M A, et al. 2014. Marshall Islands fringing reef and atoll lagoon observations of the Tohoku tsunami. Pure and Applied Geophysics, 171: 3351-3363.

Kench P S, Nichol S L, Smithers S G, et al. 2008. Tsunami as agents of geomorphic change in mid-ocean reef islands. Geomorphology, 95: 361-383.

Koshimura S, Nishimura Y, Nakamura Y, et al. 2009. Field survey of the 2009 tsunami in American Samoa. EOS, Transactions of the American Geophysical Union, 90 (52): U23F-07.

Liu P L F, Lynett P, Fernando H, et al. 2005. Observations by the international tsunami survey team in Sri Lanka. Science, 308 (5728): 1595.

Marris E. 2005. Tsunami damage was enhanced by coral theft. Nature, 436 (7054): 1071.

McAdoo B G, Ah-Leong J S, Bell L, et al. 2011. Coral reefs as buffers during the 2009 South Pacific tsunami, Upolu Island, Samoa. Earth-Science Reviews, 107 (2011): 147-155.

Papadopoulos G A, Caputo R, McAdoo B, et al. 2006. The large tsunami of 26 December 2004: field observations and eyewitnesses accounts from Sri Lanka, Maldives Is. and Thailand. Earth, Planets and Space, 58 (2): 233-241.

Quiroga P D, Cheung K F. 2013. Laboratory study of solitary-wave transformation over bed-form roughness on fringing reefs. Coastal Engineering, 80: 35-48.

Robertson I N, Carden L, Riggs H R, et al. 2010. Reconnaissance following the September 29, 2009 tsunami in Samoa. Research report UHM/CEE/10-01, Department of Civil and Environmental Engineering, University of Hawaii at Manoa, Honolulu, Hawaii.

Song Y T, Fukumori I, Shum C K, et al. 2012. Merging tsunamis of the 2011 Tohoku-Oki earthquake detected over the open ocean. Geophysical Research Letters, 39 (5): L05606.

Thran M C, Brune S, Webster J M, et al. 2021. Examining the impact of the Great Barrier Reef on tsunami propagation using numerical simulations. Natural Hazards, 108 (1): 347-388.

Titov V V, Gonzalez F I. 1997. Implementation and testing of the method of splitting tsunami (MOST) numerical model. National Oceanic and Atmospheric Administration.

Witt D L, Young Y L, Yim S C. 2011. Field investigation of tsunami impact on coral reefs and coastal sandy slopes. Marine Geology, 289 (1): 159-163.

Yao Y, He F, Tang Z J, et al. 2018. A study of tsunami-like solitary wave transformation and run-up over fringing reefs. Ocean Engineering, 149: 142-155.

Yao Y, Chen X J, Xu C H, et al. 2020. Modeling solitary wave transformation and run-up over fringing reefs with large bottom roughness. Ocean Engineering, 218: 108208.

第6章　珊瑚礁海岸水动力学数值模拟

6.1 引　　言

数值模型可以克服理论分析和物理模型实验的某些缺陷，又能作为现场观测的替代工具，近几十年来在珊瑚礁水动力学研究领域得到了广泛应用，目前常用的数值模型有波流耦合模型、Boussinesq 模型、非静压模型和基于直接求解 Navier-Stokes 方程的模型，本章将对以上四种数值模型进行详细综述。当然，文献中除了上述四种模型外，还有一些模型也有被应用于实验室尺度的波浪与珊瑚礁地形相互作用模拟，如 Massel 和 Gourlay（2000）的折射绕射模型、Sheremet 等（2011）的基于缓坡方程的模型、Filipot 和 Cheung（2012）的频谱模型等，有兴趣的读者可以参考相关文献。

6.2 波流耦合模型

6.2.1 波流耦合模型简介

(1) 波浪模块

对于现场观测尺度（几百米到几千米）范围内的波流模拟，国外学者们主要借鉴用于沙质海岸的波流耦合模型来研究珊瑚礁海岸的水动力问题。波流耦合模型常包括波浪模块和水流模块，其中波浪模块一般通过求解相位平均的波作用量守恒方程得到波浪谱的分布。相位平均模型的概念出现于 20 世纪 50 年代，Gelci 等（1957）首先提出了基于二维波浪谱能量输运方程的方法进行波浪谱的计算，此为第一代波浪模型，并未考虑非线性波-波相互作用带来的耗散，源汇项只有风能输入项和白浪耗散项。20 世纪 70 年代发展的第二代波浪模型加入了非线性耗散项，但其需要预先假定谱型，限制了模型的应用范围，无法模拟快速变化的风场所产生的波浪。为了解决上述不足，20 世纪 80 年代，Hasselmann 等（1988）推出第三代波浪模型 WAM（WAve Modelling），对谱型已不做任何限制。在 WAM 的基础上，荷兰代尔夫特理工大学（TU Delft）开发了 WAVEWATCH 模型（Tolman，1989，1991），其添加了波流相互作用机制，最新版本为美国国家环境预报中心（National Centers for Environmental Prediction，NCEP）开发的 WAVEWATCH Ⅲ模型。另外，文献中比较著名的 SWAN（Simulating WAves Nearshore）模型同样是基于 WAM 开发而来的（Booij et al., 1999），其考虑了水深导致的波浪破碎物理机制。相对而言，WAM 和 WAVEWATCH Ⅲ模型都适用于深海波浪的模拟，但 SWAN 包含了更为详细的浅水耗散机制，考虑波浪由深水到浅水的演化过程，更适合近岸环境的波浪模拟。

以 SWAN 为代表的第三代波浪模型是求解波作用量守恒方程，该方程描述了波浪谱在频率、方向以及时空上的演变：

$$\frac{\partial}{\partial t}N + \frac{\partial}{\partial x}C_x N + \frac{\partial}{\partial y}C_y N + \frac{\partial}{\partial \sigma}C_\sigma N + \frac{\partial}{\partial_\theta}C_\theta N = \frac{S}{\sigma} \tag{6.1}$$

方程左边第一项代表波作用量密度随时间的变化率，第二项和第三项代表作用量密度在几何空间的传播（传播速度为 C_x 和 C_y），第四项代表水深和流的变化引起的频移（传播速度为 C_σ），第五项代表由水深和流的变化引起的折射和变浅作用（传播速度为 C_θ）；方程右边 S 代表源项，这一项可进一步分解为几个不同类型的源项之和：

$$S = S_{\text{in}} + S_{\text{ds}} + S_{\text{nl}} \tag{6.2}$$

式中，S_{in}代表风输入项；S_{ds}代表由白浪、底部摩擦、浅水破碎引起的耗散作用；$S_{\text{nl}} = S_{\text{nl4}} + S_{\text{nl3}}$，代表四波相互作用和三波相互作用。

已经有部分学者单独使用 SWAN 对珊瑚礁海岸水动力问题展开研究。例如，Filipot 和 Cheung（2012）将 SWAN 模拟的结果与实验室和现场观测数据进行比较，在对模型中关于波浪破碎和底部摩擦的系数进行校准后，证明模型可以合理地预测观测到的波高和增水，从而使波谱模型的适用性扩展到岸礁环境。Rogers 等（2016）将改进了底部摩擦公式的 SWAN 应用于太平洋中部的巴尔米拉（Palmyra）环礁，发现该地区的波浪能在冬季主要来自北方，在夏季主要来自南方，珊瑚礁底部应力对地貌结构和底栖群落组成起到了控制作用。Baldock 等（2019）将 SWAN 与描述波浪作用下海滩剖面平衡的经典理论相结合模拟了分别位于菲律宾埃尔尼多（El-Nido）和西澳大利亚 Ningaloo 岸礁水动力特征和礁背风面的岸线形态，基于贝叶斯信念网络（Bayesian belief network，BBN）建立了具有高预测精度和简单用户界面的开放访问平台。Baldock 等（2020）采用 SWAN 对理想岸礁上的波浪运动特性进行了数值模拟研究，分析了珊瑚礁的地形、珊瑚种类和海平面上升对珊瑚礁水动力的影响，发现当礁坪长度不变时，礁坪上波高随礁坪宽度增加而减小，当礁坪宽度增加至与长度大致相等时，礁坪上波高会达到最大，然后随着礁坪宽度继续增加波高减小；如果珊瑚垂直生长速度小于海平面上升速度，将导致波浪在珊瑚礁礁面上传播速度降低。Drost 等（2019）采用 SWAN 和 XBeach-SB 对比模拟分析了热带气旋 Olwyn 对澳大利亚西北部 Ningaloo 礁的影响，发现潟湖和岸线附近的波浪主要由当地产生的风浪控制，珊瑚礁能阻挡外海较大的入射波浪；对于这一特定地点的风暴潮，使用 SWAN 模拟较为准确。

第三代波浪模型的波浪频谱计算方法能够准确地描述风浪（特别是在深水中），允许计算网格大小与波长无关（例如，对于大洋尺度的模拟，采用 50km 或更大的网格间距并不少见）。然而，它们不能直接动态模拟波浪的非线性变化，如波浪绕射和亚重力波的产生，也不能模拟海流（波浪驱动或其他方式），因此，为了解决对波浪驱动的时均环流的模拟，基于相位平均的波浪模型通常与近岸环流模型进行耦合使用。一般通过运用 Longuet-Higgins 和 Stewart（1962）提出的辐射应力理论来耦合波浪模块和水流模块，假设波浪和水流的时间和空间演化尺度能很好地分离，在特定周期和波长上水流几乎恒定不变。

（2）水流模块

近岸水流模块通常假定水平运动尺度远大于垂直尺度，通过求解非线性浅水方程（如 Delft3D、MIKE21、XBeach 等模型均采用此方法）或其他更复杂的海洋模型（如 ROMS）来实现，在这里以 Delft3D 模型为例，其水流模块连续性方程为

$$\frac{\partial \eta}{\partial t}+\frac{\partial(d+\eta)u}{\partial x}+\frac{\partial(d+\eta)v}{\partial y}=Q \tag{6.3}$$

式中，t 为时间；d 为静止水深；η 为自由水面；u 和 v 分别为 x 和 y 方向上的基于水深平均的流速；Q 为源汇项。

动量方程为

$$\frac{\partial u}{\partial t}+u\frac{\partial u}{\partial x}+v\frac{\partial u}{\partial y}=-g\frac{\partial \eta}{\partial x}+fv+\upsilon_{\mathrm{h}}\left(\frac{\partial^2 u}{\partial x^2}+\frac{\partial^2 u}{\partial y^2}\right)-\frac{\tau_{\mathrm{bx}}}{(d+\eta)\rho} \tag{6.4}$$

$$\frac{\partial v}{\partial t}+u\frac{\partial v}{\partial x}+v\frac{\partial v}{\partial y}=-g\frac{\partial \eta}{\partial y}+fu+\upsilon_{\mathrm{h}}\left(\frac{\partial^2 v}{\partial x^2}+\frac{\partial^2 v}{\partial y^2}\right)-\frac{\tau_{\mathrm{by}}}{(d+\eta)\rho} \tag{6.5}$$

式中，f 为科氏力参数；ρ 为海水密度；υ_{h} 为水平涡黏系数；τ_{bx} 和 τ_{by} 分别为 x 和 y 方向上的底部摩擦力。

6.2.2 Delft3D 模型

Delft3D 是由荷兰三角洲研究院（Deltares）开发的一套由多模块集成的数值模拟软件，该软件具有灵活的框架，能够模拟一维、二维和三维的水流、波浪、水质、生态、泥沙输移及底床地貌演变，以及各个过程之间的相互作用（Lesser et al., 2004）。Delft3D 采用结构化网格，使用以单元为中心的有限差分法对方程进行空间离散。Delft3D-FLOW 是其水流模块，其数值模拟理论建立在 Navier-Stokes 方程基础上，根据浅水特性及 Boussinesq 假设求解非线性浅水方程，可模拟潮汐和其他气象因素引起的水流运动（Deltares, 2021），还可以为波浪、泥沙等其他模型提供实时水动力参数，实现实时耦合。

文献中，Lowe 等（2009）首次采用基于的 Delft3D 波流耦合模块模拟了位于夏威夷卡内奥赫湾珊瑚礁系统中波浪能量的分布以及由波浪破碎、风和潮汐引起的环流，将模拟的波浪、水流和增水与实测进行了对比，发现采用模型计算的珊瑚礁-潟湖系统内的波浪传播过程与现场观测结果基本一致。Storlazzi 等（2011）采用 Delft3D 中波、波流和泥沙模块耦合模型，以夏威夷莫洛凯（Molokai）岛某处珊瑚礁为原型，揭示海平面上升对珊瑚礁上水动力和泥沙运动的影响，发现海平面上升 0.5～1.0m 可能会增加海岸侵蚀、水体混合和近岸环流，使得悬浮的沉积物数量以及礁坪上水体高浊度的持续时间增加，导致光合作

用降低，提高了该珊瑚礁生态系统的生存压力。Grady 等（2013）亦采用基于 Delft3D 的波流耦合模块对夏威夷莫洛凯岛的两个珊瑚礁海岸进行建模，模拟了海平面上升和珊瑚礁退化对沉积物输运的影响，发现海平面上升对礁坪上波能流和沿岸泥沙输运有较大影响；同时，珊瑚礁退化会导致珊瑚礁海岸线侵蚀和沉积模式发生变化。Shope 等（2017）使用 Delft3D 的波流耦合模块探讨海平面上升和波浪条件的变化对环礁上砂岛海岸波浪爬高、波浪越浪和岸线侵蚀模式的影响，采用由 Komar（1971）和 Rosati 等（2002）提出的经验公式计算沉积物输运；通过对夏威夷群岛西北部的威克（Wake）和中途岛（Midway）环礁进行模拟发现，海平面上升是导致岛屿形态变化和海岸洪水的主要原因。Cuttler 等（2018）使用 Delft3D 的波流耦合模块研究了澳大利亚 Ningaloo 礁近岸水动力环境和岸线形态对热带气旋 Olwyn 过境时的响应方式；发现海岸侵蚀是由潟湖内产生的当地风浪造成，并且定量地证明了珊瑚礁在一定程度上可以抵御极端风暴的影响。Shope 和 Storlazzi（2019）采用 Delft3D 的波流耦合模块研究了概化环礁上砂岛岸线演变及其对未来海平面上升的响应，采用由 Komar（1971）和 Rosati 等（2002）提出的经验公式计算沉积物输运，发现环礁直径、礁坪宽度、礁坪水深和环礁上砂岛宽度直接影响近岸沉积物的输运，在海平面上升后环礁上不同位置处的砂岛及其岸线将向不同方向发展。

Delft3D-FM 是由荷兰三角洲研究院于 2015 年发布的基于非结构网格的开源模型，它使用有限体积法求解由三维不可压缩流 Navier-Stokes 方程推导出的二维非线性浅水方程，是对基于结构网格的 Delft3D 模型的重大改进，该模型解决了网格上的水位和流速问题，适合于复杂的水深环境，其波浪模块即为 SWAN 模型。

文献中，Green 等（2018）采用基于 Delft3D-FM 的波流耦合模型研究了位于澳大利亚西北部大陆架边缘半开放环礁（North Scott）在潮汐流驱动下潟湖水体的循环过程，发现在涨潮时，压力梯度（潮汐在大陆架上的传播产生）与整个环礁内部的局部水流加速度之间存在动量平衡；在落潮时，当环礁内水位低于平均海平面时，潟湖与外海隔开，外海潮汐压力梯度发生逆转，潟湖内的水流开始向西流动，环礁内出现不对称的水体交换模式，这也是其他由潮汐主导的环礁常见的水流交换机制。最近，Grimaldi 等（2022）又将 Delft3D-FM 的水流模块和 D-Waves 波浪模块（基于 SWAN 模型）耦合，研究波浪和潮汐共同作用下珊瑚环礁附近水流运动的特征，发现环礁的形态尤其是礁坪高程是控制波浪和潮汐相对重要性的关键因素，当潮差大于两倍礁坪高度时潮流占主导，当潮差小于两倍礁坪高度时波浪占主导；不论是波浪还是潮流主导，环礁内水流流向始终向东。

6.2.3 MIKE21 模型

MIKE21 是丹麦水利研究所（Danish Hydraulic Institute）开发的水平二维自由表面流模型，已经发展成为专业的工程软件，在河流、湖泊、河口、海湾、海岸及海洋的水流、波浪、泥沙和水质方面有着广泛的工程应用。MIKE21 FM 模块采用非结构网格基于有限体积法求解二维浅水方程，建立在 Navier-Stokes 方程基础上，遵循 Boussinesq 假设。MIKE21

的波浪模块 MIKE21 SW 同样是基于第三代波浪模型来模拟波浪谱的变化，求解波作用量守恒方程。

文献中，仅有 Lowe 等（2010）利用 MIKE21 中的波浪模块和水流模块建立二维耦合波流数值模型，以夏威夷的卡内奥赫湾和西澳大利亚桑迪（Sandy）湾的岸礁为例研究了潟湖深度和口门的形态对珊瑚礁近岸环流的影响，发现在礁前斜坡、礁坪和入射波不变条件下，随着潟湖深度和口门宽度的增加波浪驱动的环流强度显著增大。

6.2.4 ROMS 模型

ROMS（Regional Ocean Modeling System）是一个三维区域海洋流动数值计算模型，该模型是由美国罗格斯（Rutgers）大学海洋与海岸科学研究所与加利福尼亚大学洛杉矶分校（University of California，Los Angeles，UCLA）共同研究开发，被广泛地应用于海洋、海岸、河口等地区的水动力及水环境模拟。ROMS 包括海冰模块、水动力模块、泥沙模块、生态模块和数据同化模块等。ROMS 在垂向静压近似和 Boussinesq 假定下，采用有限差分法近似求解自由表面基于雷诺平均的 Navier-Stokes 方程。模型在水平方向上使用正交曲线网格（Warner et al.，2008），在垂向采用地形拟合的可伸缩坐标系统（S 坐标系），并针对不同应用提供多种垂向转换函数和拉伸函数。为了更好地模拟波流共同作用，Warner 等（2008）已经将三维辐射应力项加入到运动方程中来模拟近岸波浪对水动力的影响。目前，基于 MCT（Model Coupling Toolkit）耦合器技术，ROMS 模型已经同大气模型 WRF 和海浪计算模型 SWAN 进行了双向耦合，使其可以在计算中充分考虑海气相互作用和波流相互作用。

文献中，仅有 Taebi 等（2012）利用该波流耦合模型，研究了西澳大利亚 Ningaloo 礁由波浪破碎、潮汐和风驱动的环流，与实测结果对比证明了该模型可以较准确地模拟该地存在的珊瑚礁-潟湖-口门系统中的波流运动情况；分析发现该珊瑚礁-潟湖-口门系统内的环流主要是由波浪破碎造成的，水流越过礁坪流向潟湖后又通过口门返回外海。

6.2.5 XBeach-SB 模型

XBeach 是由荷兰代尔夫特理工大学和三角洲研究院（Deltares）联合开发的一款基于结构化 Fortran77/90 架构的开源的海岸形态动力学数值模型（Roelvink et al.，2009）。XBeach 模型有静压（基于波浪相位平均）和非静压（基于波浪相位解析）两种模式，本节只介绍前者，后者将在本章 6.4 节中介绍。静压模式中又包括 Surfbeat（XBeach-SB）模式和 Stationary wave（XBeach-Stationary）模式。Stationary wave 模式是一种基于相位平均的波浪模型，忽略低频长波的作用；而 Surfbeat 模式定义短波在波群包络线内变化，长波及其相关的部分已经被分解出来。与 SWAN 不同的是，XBeach 中没有考虑风造成的波浪增长，对于模拟当地风对水动力过程很重要的问题时，其也能嵌套在包含风生浪的模型中，如 SWAN 中。XBeach 中也包含泥沙模块来模拟海岸泥沙输运和岸线演变问题，具体参见 XBeach 的用户手册（Roelvink et al., 2010）。

迄今为止，XBeach-SB 已成功地应用于珊瑚礁海岸水动力问题的模拟，Pomeroy 等（2012）通过对澳大利亚 Ningaloo 礁的现场观测研究了低频长波的产生机理，并运用实测数据对 XBeach-SB 模型进行了验证。van Dongeren 等（2013）运用 XBeach-SB 模拟了不同水位时礁坪上低频长波的产生、传播和耗散过程，重点对比了短波和低频长波在整个珊瑚礁系统中由床面摩擦导致的损耗，发现在礁前斜坡和礁缘附近的底部应力受短波主导；在潟湖内部，低频长波作用越来越重要，占底部总应力的 50%。Quataert 等（2015）基于马绍尔群岛夸贾林环礁上某处的现场观测数据，运用 XBeach-SB 模型分析了不同珊瑚礁地形、礁面糙率、潮位和波浪组合条件下礁后岸滩的洪水风险，发现气候变化导致的礁坪水位增加（海平面上升）和礁面粗糙度降低（珊瑚退化）均会增加波浪岸滩爬高以及洪水风险。Ortiz 和 Ashton（2019）采用 XBeach-SB 研究了礁坪上波浪和波生流作用以及对礁坪上珊瑚砂岛形成和演化的影响，发现珊瑚砂岛的形成取决于外海波况和输运的沉积物类型，随着外海入射波能的增大，礁坪水深和宽度随之增加；礁坪上砂岛会持续与礁坪地形相互作用，直到二者达到平衡，并认为海平面上升是砂岛演变的主要原因。Quataert 等（2020）使用 XBeach 静压（XBeach-SB）和非静压模式（XBeach-NH）研究了短波对具有陡峭礁前斜坡的珊瑚礁礁后岸滩波浪爬高的影响；基于夸贾林环礁上 Roi-Namur 岛某处测量的水位、波高和波浪爬高数据对这两类模型进行了对比，发现对于能导致岛屿淹没的极端洪水事件，使用 XBeach 静压模式即可满足计算需求。

6.3 Boussinesq 模型

6.3.1 模型简介

对于实验室尺度的问题，需要对波浪在珊瑚礁物理模型上的时间和空间演化进行更为精细的模拟。基于相位解析的 Boussinesq 方程类模型对速度场的垂向分布采用多项式近似，从而将三维问题减少到了二维，兼顾了计算精度和计算效率，近 20 年来，在珊瑚礁水动力学模拟领域得到了较为广泛的应用。该类模型已被证明能够以不同的精度描述波浪的非线性和色散效应，比浅水波模型更适应珊瑚礁的陡变地形，而改进后的 Boussinesq 模型和一些半经验半理论的破碎波模型相结合，可以较为精确地模拟波浪在珊瑚礁地形上的反射、折射、绕射、破碎、增水等现象。自 Peregrine（1967）首次建立经典 Boussinesq 方程后，学者们以不同方式在 Boussinesq 模型的色散性、非线性（Madsen and Sørensen, 1992；Nwogu, 1993；Wei et al., 1995；Lynett et al., 2002）以及波浪破碎、波浪爬坡处理（Madsen et al., 1997；Kennedy et al., 2000；Veeramony and Svendsen, 2000）等方面做出了诸多改进。

6.3.2 FUNWAVE-TVD

FUNWAVE-TVD 是由美国特拉华（Delaware）大学的 Fengyan Shi、James T. Kirby 和 Babak Tehranirad 等开发的波浪模型，该模型采用有限体积-有限差分的混合数值格式求解 Chen（2006）提出的完全非线性 Boussinesq 方程。FUNWAVE-TVD 与原始的 FUNWAVE 模型（如 FUNWAVE 2.0）（Kirby et al.，2003）的主要区别在于 FUNWAVE-TVD 采用守恒形式的控制方程，可通过高阶格式的有限体积法求解由 Boussinesq 方程简化得到的非线性浅水方程，以激波捕捉的方式直接模拟波浪破碎及相关的能量耗散，无须在动量方程中添加额外的经验破碎模型。目前，该模型已成功地应用于模拟海岸工程的相关问题（Shi et al.，2012；Ma et al.，2012；Liu et al.，2020a）；同时，混合数值格式也使该模型在处理近岸波浪传播过程（如变浅、折射、绕射、破碎以及岸滩爬高）时具有更好的数值稳定性（Shi et al.，2012）。

FUNWAVE-TVD 模型的连续性方程为

$$\eta_t + \nabla \cdot \boldsymbol{M} = 0 \tag{6.6}$$

动量方程为

$$\boldsymbol{M}_t + \nabla \cdot \left[\frac{\boldsymbol{MM}}{D}\right] + \nabla\left[\frac{1}{2}g(\eta^2 + 2h\eta)\right] = H\{\bar{\boldsymbol{u}}_{2,t} + \boldsymbol{u}_\alpha \cdot \nabla\bar{\boldsymbol{u}}_2 + \bar{\boldsymbol{u}}_2 \cdot \nabla u_\alpha - \boldsymbol{V}'_{1,t} - \boldsymbol{V}''_1 - \boldsymbol{V}_2 - \boldsymbol{V}_3 - \boldsymbol{R}_s - \boldsymbol{R}_f\} + g\eta\nabla h \tag{6.7}$$

式中，下标 t 为变量对时间的偏导数；∇为水平梯度算子；$\boldsymbol{M} = D(\boldsymbol{u}_\alpha + \bar{\boldsymbol{u}}_2)$ 为水平体积通量，总水深 $D = h + \eta$（h 为静水深，η 为波面高程），$\boldsymbol{u}_\alpha$ 为高程 $z = z_\alpha$ 处的水平速度（$z_\alpha = \zeta h + \beta\eta$，$\zeta = -0.53$，$\beta = 0.47$）；$V'_1$、$V''_1$ 和 V_2 项为色散项；V_3 项表示对垂向涡度的二阶贡献；R_s 为网格湍动混合项；R_f 为底部摩擦项；g 为重力加速度；$\bar{\boldsymbol{u}}_2$ 为沿水深方向上的平均速度，其表达式为

$$\bar{\boldsymbol{u}}_2 = \frac{1}{H}\int_{-h}^{\eta} \boldsymbol{u}_2(z)\,\mathrm{d}z = \left(\frac{z_\alpha^2}{2} - \frac{1}{6}(h^2 - h\eta + \eta^2)\right)\nabla B + \left(z_\alpha + \frac{1}{2}(h - \eta)\right)\nabla A \tag{6.8}$$

式（6.8）中 A 和 B 的表达式为

$$A = \nabla \cdot (h\boldsymbol{u}_\alpha) \tag{6.9}$$

$$B = \nabla \cdot \boldsymbol{u}_\alpha \tag{6.10}$$

6.3.3 COULWAVE

COULWAVE 是由美国康奈尔（Cornell）大学 Patrick J. Lynett 和 Philip L-F. Liu 共同研发的基于沿水深积分的数值波浪模型，该数值模型中采用的控制方程为完全非线性 Boussinesq 方程（Wei and Kirby，1995）。用户可以选择使用两种不同的数值方案：高阶有限差分法和高阶有限体积法。COULWAVE 采用三阶预测和四阶校正方法进行时间推进；

对于空间离散，高阶项采用四阶 MUSCL-TVD 格式求解，二阶项采用平均有限体积法求解。该模型其守恒形式的控制方程如下（Lynett and Liu，2008）：

$$\frac{\partial H}{\partial t} + \frac{\partial HU_\alpha}{\partial x} + \frac{\partial HV_\alpha}{\partial y} + D^c = 0 \tag{6.11}$$

$$\frac{\partial HU_\alpha}{\partial t} + \frac{\partial HU_\alpha^2}{\partial x} + \frac{\partial HU_\alpha V_\alpha}{\partial y} + gH\frac{\partial \zeta}{\partial x} + gHD^x + U_\alpha D^c = 0 \tag{6.12}$$

$$\frac{\partial HV_\alpha}{\partial t} + \frac{\partial HU_\alpha V_\alpha}{\partial x} + \frac{\partial HV_\alpha^2}{\partial y} + gH\frac{\partial \zeta}{\partial y} + gHD^y + V_\alpha D^c = 0 \tag{6.13}$$

式中，U_α 为 x 方向指定深度 $z_\alpha(x,\ t) = -0.531h$ 的流速（Nwogu，1993）；D^c、D^x 和 D^y 是描述非线性和色散性的二阶项，完整的推导见 Kim 等（2009）；其中用于描述波浪破碎（涡黏模型）和底部摩擦（曼宁公式）的子模型见 Lynett 和 Liu（2008）。

不同模型对于波浪与珊瑚礁地形相互作用的模拟性能可能有所差异，Zhang 等（2019）对比分析了基于 Boussinesq 方程的四种波浪模型（即 FUNWAVE-TVD、COULWAVE、NHWAVE 和 ZZL18）对珊瑚礁上波浪运动的模拟的可靠性，发现所有模型均可合理地预测波谱的演变，COULWAVE、NHWAVE 和 ZZL18 可以更准确地预测波高变化；COULWAVE 和 FUNWAVE-TVD 倾向于低估由崩破波引起的礁坪波浪增水，而 NHWAVE 和 ZZL18 可以相对准确地预测所有破碎类型的波浪增水；NHWAVE 和 ZZL18 可以更准确地预测较陡礁前斜坡的波浪反射。

6.3.4 基于 Boussinesq 模型的波浪传播变形模拟

基于 Boussinesq 方程的模型在对波浪传播变形问题的研究中得到了广泛的应用。对于实验室尺度的问题，Nwogu 和 Demirbilek（2010）基于 Demirbilek 等（2007）的物理模型实验数据采用 Nwogu（1993）提出的 Boussinesq 方程进行了数值模拟研究，分析了低频长波运动对岸礁礁后岸滩波浪爬高的影响，发现入射波中的大部分能量在礁坪上几个波长的范围内消散，海岸线附近由低频长波运动主导；低频长波在礁坪上发生了一阶共振，其波长大约等于礁坪宽度的 4 倍。Su 等（2015）采用 FUNWAVE-TVD 研究了底坡缓慢变化的礁坪上低频长波的产生与传播过程，发现该模型能合理预测短波波高和增水的沿礁分布，但低估了低频长波的波高；最大低频长波波高随礁缘水深的增加而降低，随内礁坪水深的增加而增加。黄英丽等（2017）采用 FUNWAVE-TVD 研究了波浪在陡峭礁坪上的传播变形问题，发现当波高与水深的比值超过阈值时，波浪发生破碎，波高随之迅速减小；当礁坪水深较大且礁坪宽度大于或者等于 4 倍入射波长时，礁坪上的波高趋于稳定。聂屿等（2017）FUNWAVE-TVD 研究了岛礁地形上波浪的传播特征，发现该模型可较为准确地模拟波浪的非线性作用以及破碎现象，波浪破碎位置随岛礁前坡坡度的减小而向外海侧移动。Gao 等（2018）基于 FUNWAVE 2.0 研究了岸礁地形对港口内低频长波共振的影响，发现主导的低频长波、约束长波、自由长波以及它们在港口内的相对重要性均随礁前斜坡坡度的增加而增大，但随平均水深的增加呈振荡趋势，而礁缘的存在会显著增强港内的约束长波。Su 和 Ma（2018）基于 Smith 等（2012）的港池实验，使用 FUNWAVE-TVD 研究了水平二维岸礁上的低频长波运动，发现低频波浪的向岸运动受泄漏波（leaky wave）的控制，而沿岸的低频波浪运动表现为边缘波的特征。Chen 等（2019）采用 FUNWAVE 2.0 模拟了不规则波在实验室岸礁地形上的演变过程，通过考虑礁前斜坡坡度和礁面粗糙度的影响，提出了波浪偏度和不对称度与当地厄塞尔数相关的经验公式。Yao 等（2019a）基于 COULWAVE 模型在实验室尺度研究了礁前斜坡坡度、礁冠宽度、潟湖宽度和礁面粗糙度的变化对波浪运动的影响，发现短波波高在礁坪上迅速下降，礁坪上的低频长波主要是由破碎点移动机制产生的；具有较陡礁前斜坡、较光滑礁面以及较宽潟湖的珊瑚礁其海岸线附近的水位会更高。Ning 等（2019）使用 FUNWAVE-TVD 对实验室岸礁地形上不规则波传播问题进行了研究，发现该模型可以合理地预测礁坪上波谱的演化和礁后岸礁上波浪的爬高，并进一步分析了各种水动力参数和礁体参数对不规则波爬高及其频谱成分的影响。Liu 等（2019）使用 FUNWAVE-TVD 研究了规则波在岸礁上的布拉格反射，基于物理模型实验中设置的呈正弦函数分布的礁坪沙坝地形，通过数值模拟发现该地形可以有效降低波浪岸滩爬高，并证实礁坪上发生了布拉格共振效应。随后，Liu 等（2022）将上述研究推广到了不规则波作用的情况，发现当正弦沙坝地形的自然频率与入射波频段相符合时，可以在礁坪上引起布拉格反射，但沙坝地形并不总是会削弱礁坪上的低频长波。基于 Yao 等（2020a）报道的珊瑚礁－潟湖－口门系统港池实验，Yao 等（2023a）采用 FUNWAVE-TVD 研究了系统内水动力因素和礁形因素对不规则波传播变形及岸滩爬高的影响；同时利用该模型分析了系统中低频长波的共振模式，并讨论了口门存在对共振模式的影响。

对于现场尺度的问题，Shimozono 等（2015）基于 Boussinesq 方程的波浪模型并结合野外现场观测数据，评估了超级台风 Haiyan 影响下菲律宾墨迈尔（Samar）岛东部某礁的波浪作用过程，发现海岸附近的极端波浪是短波和低频长波的叠加结果并受到礁坪宽度和岸滩坡度的影响，这些影响通过波浪破碎、底部摩擦耗散、礁坪共振等机制来实现。Yao 等（2016）基于 COULWAVE 研究了礁坪上存在采掘坑对波浪传播变形的影响，发现不论是否存在采掘坑，短波和低频长波波高都随着入射波高的增加而增加，且较窄的入射波谱（即谱峰周期增大）会增大岸线附近的低频长波；采掘坑位置距岸线越近，到达岸线附近的短波和低频长波均越大；海岸线附近总波高随采掘坑宽度的增加而增加，这是因为短波的增大大于低频长波的减小。Yao 等（2020b）基于马绍尔群岛两处珊瑚礁的现场观测采用 COULWAVE 对低频长波的沿礁运动进行了分析，发现低频长波是由破碎点移动机制产生，并且在礁坪上激发了一阶共振模式；随后该模型被用于分析破碎带地形的不确定性和入射波相位的随机性对岸线附近短波和低频长波的影响。Su 等（2021）利用 FUNWAVE-TVD 模拟了大型台风事件期间南海东沙群岛某环礁周围低频长波的动力过程，分析不同入射方向的波浪与局部地形之间的相互作用，发现随着入射波角的减小，沿岸低频长波增加而波浪增水减少。

6.3.5 基于 Boussinesq 模型的波浪增水和波生流模拟

文献中，同样也有不少学者将基于 Boussinesq 方程的模型应用于波浪增水和波生流问题的研究。Skotner 和 Apelt（1999）最早将一种弱非线性和色散性的 Boussinesq 方程推广到珊瑚礁地形上，模拟了规则波的波高和平均水位分布问题，模型准确预测了入射波较小时增水的沿礁分布，但随着入射波高增加模型预测会有所低估。Yao 等（2012）采用 COULWAVE 模拟了 Yao 等（2009）的物理模型实验工况，发现通过对边界条件和破碎波子模型的适当处理，该模型可较准确地预测规则波和不规则波作用下波高和平均水位的沿礁分布，并利用该模型进一步分析了礁前斜坡坡度和形状对礁坪上波高和平均水位的影响。Su 和 Ma（2018）采用 FUNWAVE-TVD 亦研究了水平二维岸礁物理模型上的波生流问题，模型捕捉到了波浪驱动的环流及其裂流，并分析了近岸流、沿岸流和向岸流的时空变化，发现低频长波驱动的流场与平均流场几乎相同，环流在与礁坪尺寸相同的空间尺度上发展。Yao 等（2022a）采用 FUNWAVE-TVD 基于 Zheng 等（2020）港池实验建立水平二维数值波浪水槽，分析规则波作用下珊瑚礁–潟湖–口门系统内不同水动力参数、礁形因素对波生环流强度的影响，并引用波泵效率参数用来表征环流强度，最后提出了预测该参数的经验公式。

6.3.6 基于 Boussinesq 模型的孤立波运动模拟

基于 Boussinesq 方程的模型亦被大量应用于孤立波（海啸波）与珊瑚礁相互作用问题的研究。Roeber 等（2010）基于 Boussinesq 方程提出了一种适用于珊瑚礁地形的近岸波浪模型，利用该模型模拟孤立波在岸礁上的破碎、传播以及水流在超临界和亚临界流之间的转变。随后，Roeber 和 Cheung（2012）将上述模型扩展到孤立波在水平一维和二维珊瑚礁地形上的运动问题，分别通过物理模型实验和现场观测数据验证了该模型。房克照等（2014）基于高阶 Boussinesq 方程的数值模型模拟了孤立波在潜礁地形上的传播变形过程，发现该有限差分和有限体积相结合的模型较传统的有限差分模型具有较大优势，适用于潜礁环境下波浪的数值模拟研究。Fang 等（2016）采用激波捕捉方法求解完全非线性 Boussinesq 方程，研究了实验室尺度的岸礁地形上的孤立波传播变形问题，通过解析解对模型进行验证后，对比分析了孤立波在二维和三维珊瑚礁地形上的运动过程。Zhou 等（2016）开发了基于 Nwogu（1993）Boussinesq 方程的混合求解格式，研究了岸礁地形上孤立波的破碎问题，分析了不同水动力参数对孤立波破碎过程的影响，并采用分别对动能和势能的积分计算了波浪的反射、透射和能量耗散系数。Yao 等（2018）通过添加拖曳力项改进了 COULWAVE 的动量方程，在实验室尺度研究了孤立波在粗糙礁坪上的传播变形和礁后岸滩爬高问题，发现波浪爬高对礁坪宽度和礁面糙率变化最为敏感，礁后岸滩坡度的影响较小，礁前斜坡和礁冠宽度的影响则几乎可以忽略。Ning 等（2018）基于

FUNWAVE-TVD 研究了孤立波在岸礁地形上的传播变形和礁后岸滩爬高问题，发现与普通沙质岸滩相比，由波浪破碎引起的卷碎波的传播对于孤立波的沿礁衰减和岸滩爬高十分重要，随后分析了不同水动力参数和礁形参数对波浪爬高的影响。Gao 等（2019）采用 FUNWAVE-TVD 研究了珊瑚礁地形的变化对孤立波引起的瞬态共振的影响，并探讨了礁前斜坡坡度、礁冠宽度、潟湖宽度和礁体形状的变化对港内波浪运动和波能分布的影响。Yao 等（2021）将 COULWAVE 模拟的数据集用于多层感知器神经网络（MLP-NN）模型的训练和测试，将该模型成功地应用于孤立波在岸礁礁后岸滩爬高的预测。基于来自所罗门（Solomon）群岛地震源产生的不同震级地震造成的海啸，Thran 等（2021）采用 FUNWAVE-TVD 模型对其与大堡礁的相互作用进行了模拟，分析表明，大堡礁由于其复杂的动力地貌特征和礁面糙率成为一个规模巨大的海啸防御系统；对于波幅较大的海啸，礁面糙率起主要缓冲作用；通过考虑礁面糙率的减少模拟大堡礁退化的影响，发现退化导致受大堡礁保护的地区在未来更容易受到海啸的影响。

6.4 非静压模型

6.4.1 模型简介

非静压波浪模型是在珊瑚礁海岸水动力学模拟领域近年来兴起的一种基于波浪相位解析的数学模型，该模型仍是求解 Navier-Stokes 方程（或欧拉方程），但其假定自由表面为单值函数，可以方便地通过求解沿水深积分的连续方程和运动学边界条件得到。此类模型比直接求解 Navier-Stokes 方程执行简单、计算效率较高；并可通过增加垂向分层获得比上述 Boussinesq 方程模型更好的非线性和色散性，最近提出的基于有限体积的激波捕捉数值方案使其能够捕获波浪破碎而不依赖于经验公式。常见的非静压模型有 SWASH、NHWAVE、XBeach-NH 等。

6.4.2 SWASH 模型

SWASH（Simulating WAves till SHore）模型由荷兰代尔夫特理工大学开发，在数值上采用二阶有限差分法求解正交结构化网格离散的三维不可压缩 Navier-Stokes 方程，或采用混合体积元法求解三角形网格离散的 Navier-Stokes 方程。与其他非静压模型相比，SWASH 应用 Keller-Box 格式将压强定义在网格的上下表面，更好地近似了垂直动量方程中的压力梯度，从而在较少垂向分层时表现出良好的色散性，提升了模型的计算效率与实用性。具体而言，当采用两个垂直层时，$kh<7.7$ 的谐波（其中 k 是波数，h 是水深）的色散误差小于 1%。相关文献（Zijlema et al.，2011；Smit et al.，2013，2014；Rijnsdorp et al.，2014）已经证明该模型在模拟近岸波浪传播变形中的高效性和准确性。近年来，该模型也被广泛

应用于珊瑚礁海岸水动力模拟（Rijnsdorp et al.，2021；Liu et al.，2023）。

SWASH 的控制方程如下（Zijlema et al.，2011）：

$$\frac{\partial u}{\partial x}+\frac{\partial v}{\partial y}+\frac{\partial w}{\partial z}=0 \tag{6.14}$$

$$\frac{\partial u}{\partial t}+\frac{\partial uu}{\partial x}+\frac{\partial uv}{\partial y}+\frac{\partial uw}{\partial z}=-\frac{1}{\rho}\frac{\partial(p_{\mathrm{h}}+p_{\mathrm{nh}})}{x}+\frac{\partial\tau_{xx}}{\partial x}+\frac{\partial\tau_{xy}}{\partial y}+\frac{\partial\tau_{xz}}{\partial z} \tag{6.15}$$

$$\frac{\partial v}{\partial t}+\frac{\partial vu}{\partial x}+\frac{\partial vv}{\partial y}+\frac{\partial vw}{\partial z}=-\frac{1}{\rho}\frac{\partial(p_{\mathrm{h}}+p_{\mathrm{nh}})}{y}+\frac{\partial\tau_{yx}}{\partial x}+\frac{\partial\tau_{yy}}{\partial y}+\frac{\partial\tau_{yz}}{\partial z} \tag{6.16}$$

$$\frac{\partial w}{\partial t}+\frac{\partial wu}{\partial x}+\frac{\partial wv}{\partial y}+\frac{\partial ww}{\partial z}=-\frac{1}{\rho}\frac{\partial(p_{\mathrm{h}}+p_{\mathrm{nh}})}{y}+\frac{\partial\tau_{zx}}{\partial x}+\frac{\partial\tau_{zy}}{\partial y}+\frac{\partial\tau_{zz}}{\partial z}-g \tag{6.17}$$

式中，u、v 和 w 分别为 x、y 和 z 方向上的速度分量；t 为时间；ρ 为水的密度；p_{h} 和 p_{nh} 分别为静压和动压项；τ 为湍动切应力；g 为重力加速度；可以在底部网格上增加一个应力项来表示底床摩擦力，SWASH 中常使用曼宁摩擦公式来表示。

6.4.3 NHWAVE 模型

NHWAVE 模型（Non-Hydrostatic Wave Model）最初由美国特拉华大学应用海岸研究中心开发。NHWAVE 采用戈杜诺夫（Godunov）格式的混合有限体积和有限差分方法数值求解 σ 坐标下的三维不可压缩流 Navier-Stokes 方程。该模型在水平方向上可以使用均匀正交网格，在竖直方向上可以使用多层均匀或拉伸网格。模型中包含各类常用的湍流模型，如 k-ε 两方程湍流模型。由于 NHWAVE 数值求解三维不可压缩流 Navier-Stokes 方程，可以准确地模拟波浪在海岸区域的传播、演变以及破碎过程。除此之外，该模型还包含有盐度、泥沙等数值求解模块。近些年来，国内外的学者根据研究工作的需要，持续对 NHWAVE 进行了不同程度的改进（Ma et al.，2012）。该模型已被成功应用于海底滑坡引起的海啸波（Ma et al.，2013a）、植物消浪（Ma et al.，2013b）等方面的研究工作。

NHWAVE 的控制方程为守恒型的 σ 坐标下的三维不可压缩 Navier-Stokes 方程（Ma et al.，2012），具体表达式如下：

$$\frac{\partial D}{\partial t}+\frac{\partial Du}{\partial x}+\frac{\partial Dv}{\partial y}+\frac{\partial \omega}{\partial \sigma}=0 \tag{6.18}$$

$$\frac{\partial U}{\partial t}+\frac{\partial F}{\partial x}+\frac{\partial G}{\partial y}+\frac{\partial H}{\partial \sigma}=S_h+S_p+S_t+S_c \tag{6.19}$$

式（6.18）中，t 为时间，x、y、σ 分别代表三个方向的坐标；D 为总水深；u、v 为 x、y 方向上的速度分量；ω 为 σ 坐标系下的垂向速度。式（6.19）中，U、F、G、H 为通量项；S_h 为方程中的静压项；S_p 为方程中的动压项；S_t 为湍动应力项；S_c 为拖曳力项。上式各项具体的表达式和关于 NHWAVE 数值求解的更多信息，可参考 Ma 等（2012）。

6.4.4 XBeach-NH 模型

XBeach 是一个求解水平二维流体运动的开源数值模型，可用于模拟波浪传播（长波和平均流场等）、沉积物迁移和地形演变（Roelvink et al., 2009），其他相关信息可参见本章6.2节波流耦合模型中关于 XBeach-SB 的介绍，本小节主要对其非静压模块 XBeach-NH 进行讲述。XBeach-NH 是一种能够同时模拟短波和长波传播的相位解析模型，缺点是计算量相对较大；它使用非线性浅水方程计算由波和流引起的基于水深平均的流量，包括一个非静压校正，其推导方式类似于一个单层的 SWASH（Zijlema et al., 2011）。

6.4.5 基于非静压模型的波浪传播变形模拟

文献中，存在着大量采用非静压模型模拟珊瑚礁海岸波浪传播变形问题的研究。Torres-Freyermuth 等（2012）较早使用 SWASH 研究了墨西哥加勒比海莫雷洛斯礁上的波浪传播变形，发现礁坪增水与外海入射波的能量具有很强的相关性，珊瑚礁的地形特征影响低频长波的生成。Buckley 等（2014）将 SWASH、SWAN 和 XBeach-SB 三种数值模型应用于有陡峭礁前斜坡的珊瑚礁环境中，基于 Demirbilek 等（2007）的实验数据对各个模型预测的沿礁波谱、短波波高、低频长波波高和波浪增水进行了对比分析，发现 SWASH 和 XBeach-SB 能够较准确地预测低频长波波高和波谱的变化。Ma 等（2014）采用 NHWAVE 建立了数值波浪水槽模拟了岸礁上低频波运动过程，并与物理模型实验结果进行了对比，证明该模型能很好地模拟礁坪上波高、增水和波谱能量的变化过程；随后利用该模型研究了南海太平岛上珊瑚礁退化对低频长波运动的影响，发现礁坪上低频长波运动与共振模式相关，珊瑚礁退化导致礁坪上低频长波增加。张其一等（2017）运用 SWASH 模拟了典型珊瑚礁地形上的波浪传播过程，分析了波浪谱在该珊瑚礁地形上的沿礁演化规律，并揭示了礁坪上波浪能量从高频向低频转移的现象。Pearson 等（2017）运用 XBeach-NH 模拟产生的数据集开发了一种基于贝叶斯网络的珊瑚礁海岸灾害评估系统，系统中详细考虑了各种珊瑚礁形态因素和波浪动力因素对波浪岸滩爬高的影响。Lashley 等（2018）应用 XBeach-SB 和 XBeach-NH 的两种模式对 Demirbilek 等（2007）和 Buckley 等（2015）报道的物理模型实验进行了数值模拟研究，分析了两种模式下极端波浪爬高的预测结果，发现 XBeach-NH 能更准确地模拟极端波浪爬高，但由于忽视了破碎波的水滚（wave roller）效应，增水的预测值偏小。Peláez-Zapata 等（2018）基于珊瑚礁物理模型实验数据验证了 SWASH，发现该模型模拟波浪岸滩爬高时主要受底部粗糙度和水平混合长度影响，同时为了分析波浪爬高的波谱特征，提出了一个与其高频波能量和爬高周期相关的经验公式。Franklin 等（2018）利用 SWASH 研究了墨西哥加勒比海莫雷洛斯海岸附近的珊瑚礁在极端气候影响下对海岸的保护作用，发现低频长波、波浪增水以及珊瑚礁地形对岸滩爬高起到了重要影响，同时进一步研究了风暴潮等极端天气的影响。Masselink 等（2019）使用

XBeach-NH 研究了图瓦卢富纳富提环礁上某地低频长波的运动特征，发现礁前斜坡坡度是控制低频长波产生机制的关键因素，礁坪上存在的沙岛增加了低频长波的能量，但礁面粗糙度的增加会减少低频长波的能量。Sous 等（2019）利用 SWASH 对新喀里多尼亚 Ouano 堡礁上的波浪传播过程进行了模拟，并与现场观测数据进行了对比分析，发现在特定的水深条件下堡礁能有效消耗入射波能量，由于内礁坪和岸线对波浪的反射产生了低频的驻波模式。Scott 等（2020）基于全球珊瑚礁现场观测数据，采用 XBeach-NH 结合机器学习的方法开发了一组适用于珊瑚礁海岸洪水预警的大型数据库，其能准确地展现各种珊瑚礁海岸的波浪爬高情况，该系统可服务于珊瑚礁修复工程和海岸洪水预警系统。Liu 等（2020b）利用实验校准后的 SWASH 生成了一个涵盖珊瑚礁地貌特征、海堤高度和水文条件的综合数据库，随后基于该数据库开发了一种人工神经网络（artificial neural network，ANN）工具预测珊瑚礁上直立式防波堤的越浪量，并采用深水波浪参数作为输入，不需要事先计算堤趾处的波高和周期，具有较大的实用性。Liu 等（2021）通过两组相关物理模型实验验证了 SWASH 的准确性后，应用该模型研究了珊瑚礁礁后岸滩波浪的爬高情况，分析了波浪随机性、波谱宽度和礁面粗糙度等因素对波浪爬高的影响。Roelvink 等（2021）利用 XBeach-NH 评估了珊瑚种类、珊瑚礁位置和珊瑚礁形态对珊瑚礁修复后其消浪能力的影响，分析发现，珊瑚礁的退化降低了珊瑚礁的消浪作用；相对于淹没较深的礁前斜坡和礁冠，宽浅的礁前斜坡和礁冠消浪能力更为强大。Liu 等（2023）基于 SWASH 的模拟数据采用完全非线性分析研究了珊瑚礁地形上低频长波与短波波群之间的能量交换，阐明了短波波群非线性作用下长波的变形机制，发现沿礁长波能量通量梯度可以平衡短波辐射应力所做的功；礁坪水深对长波的影响机制十分复杂，减少礁坪水深能够增加短波向长波的能量传递，但同时增加了床面摩擦耗散，进而抑制了长波的增长。

6.4.6 基于非静压模型的波浪增水和波生流的模拟

文献中，基于非静压模型对波浪增水和波生流的数值模拟研究也较为丰富。Lowe 等（2015）通过 SWASH 模拟了澳大利亚西北部金伯利地区某处珊瑚礁在潮汐周期内沿礁水位的变化，分析了潮汐主导的珊瑚礁环流模式，发现当潮流从礁坪流至外海时，在礁缘附近存在一个临界点，并指出礁坪水深主要受底部摩擦控制。Shi 等（2018）采用 NHWAVE 模拟了有无礁冠情况下波浪的破碎过程，发现礁冠通过缩小破碎带宽度和增加破碎强度导致礁坪增水的增加，同时礁冠的存在还显著增强了破碎带附近的湍流强度和能量耗散率。Bramante 等（2020）基于马绍尔群岛夸贾林环礁，利用 XBeach-NH 研究了海平面上升和波浪作用对环礁周围沉积物向岸输运的影响，发现海平面上升导致沉积物的向岸输运量在礁前斜坡处降低和在礁坪上增加；相对于海平面的变化，波能的减小对沉积物的向岸输运几乎没有影响。Rijnsdorp 等（2021）采用 SWASH 研究了西澳大利亚 Ningaloo 礁某处珊瑚礁-潟湖-口门系统中波浪驱动的增水与波生流，发现潟湖内的波浪增水主要受波浪力和底部剪切应力的影响，床面剪切应力减少了礁坪上和潟湖内的增水；当动量平衡方程中不考虑底床应力作用时，潟湖中的波浪增水预测过高。

6.4.7 基于非静压模型的海啸波运动模拟

对于海啸波作用问题，亦有少量学者进行了研究。卢坤等（2021）基于 NHWAVE 建立了二维数值波浪水槽，通过采用日本 2011 年实测的真实海啸波型研究了海啸波在岛礁地形上的传播变形规律，并且分析了波高、礁坪淹没水深和礁前斜坡坡度等因素对孤立波和真实海啸波传播变形的影响。Qu 等（2022）应用 NHWAVE 研究了类海啸波在底床可透水的岸礁上的传播变形及爬高过程，详细讨论了波高、水深、珊瑚礁渗透层厚度、中直粒径和孔隙度等主要因素对透水礁上类海啸波水动力特性的影响。

6.5 基于直接求解 Navier-Stokes 方程的模型

6.5.1 模型简介

模拟近岸波浪运动问题的另一种可行方法是采用基于直接求解 Navier-Stokes 方程的三维数值模拟。该类模型能很好地克服 Boussinesq 模型和非静压模型的缺点，特别对波浪破碎过程的模拟不需要人为干预，并可更为准确地预测水平流速的垂向分布和适应复杂的礁形变化。此方法已被成功应用于平直海岸（Torres-Freyermuth et al., 2007）、沙坝（Torres-Freyermuth et al., 2010）、潜堤（Lara et al., 2008）、海墙（Hsiao and Lin, 2010）以及红树林海岸（Maza et al., 2013）附近波浪的传播变形问题。Hearn（2011）的研究综述指出，运用基于直接求解 Navier-Stokes 方程的模型来模拟波浪与珊瑚礁地形的相互作用是珊瑚礁水动力学数值模拟研究领域的发展方向，因此近十年来相关研究报道日益增多。常见的求解 Navier-Stokes 方程的方法分为有网格方法和无网格方法两大类。

（1）有网格方法

在大多数基于直接求解 Navier-Stokes 方程的方法中，包括有限差分法、有限体积法和有限元法仍然依赖于网格。这些数值方法在求解流动前，先要使用若干封闭的几何图形划分流场区域，这些封闭的几何图形即为网格单元。计算网格按网格点之间的邻接关系可分为结构网格和非结构网格。基于结构网格的计算方法先进，计算精度高，计算效率高，计算稳定性好，对计算机内存等硬件资源要求低，在同样的物理空间里，需要的网格点数比非结构网格要少。但是结构网格也存在一定的缺点，结构网格的结构性、有序性限制了其对复杂几何构型的适应能力，网格生成较为困难，其中的人工工作量比非结构网格要多。对于非结构化网格，其最大优点是其几乎无所不能的几何适应能力，也就是对复杂构型强大的适应性，其网格生成简单，人工工作量少。非结构化网格的缺点也是比较明显的，其数据结构的随机性增加了寻址时间，网格的无方向性导致梯度项计算工作量显著增大。另外，当采用基于有网格的数值计算方法来模拟气液两相流诸如表面重力波的运动问题时，常常需要引入辅助变量来对自由面进行追踪或捕捉，如标志网格法 MAC（Harlow and Welch，1965）、流体体积（VOF）法（Hirt and Nichols，1981）、水平集方法 Level-set（Osher and Sethian，1988）等，其中 VOF 法在近岸波浪运动的模拟中应用最为广泛。目前生成网格的第三方工具较多，如 hypermesh、Gambit 等，可为网格生成提供额外技术支持。同样，基于有网格的求解 Navier-Stokes 方程的模型工具有很多，如 OpenFOAM、Fluent、Flow-3D 等。其中 OpenFOAM 开源程序包是目前用来模拟海岸工程波浪问题最常用的数值工具（Jacobsen et al.，2012；Higuera et al.，2013），其具有稳定强大的底层类库、丰富的前后处理接口、大规模并行化计算等诸多优点。

湍流运动是流体的一种常见流态，常出现在存在速度梯度且流速较大、流体动能效应大于黏性阻尼效应的流动现象中。湍流在时间和空间尺度上，体现为横跨多个尺度的不规则振荡和涡旋现象，流体的动能通过湍流在不同尺度上的能量传递，在流动中逐渐转化为流体内能，这种横跨多个尺度的能量传递耗散过程被称为能量级联（energy cascade）。这些湍流结构的尺度可从宏观流动尺度横跨到科尔莫戈罗夫微尺度（Kolmogorov microscales）。在基于直接求解 Navier-Stokes 方程的有网格方法中，通常通过增加湍流模型来获得精确的湍流流态。根据湍流模型对湍流时间和空间尺度的解析程度不同，目前常见的数值湍流模型大致可以分为三类：直接数值模拟（direct numerical simulation，DNS）、大涡模拟（large eddy simulation，LES）和雷诺时均模拟（Reynolds Averaged Navier Stokes，RANS）。DNS 不需要对湍流额外建立模型，通过数值计算直接求解流动的控制方程；由于 Navier-Stokes 方程的混沌特性（Deissler，1986），在足够小的网格尺寸和时间步长条件下，直接数值模拟可以直接解析湍流运动中的所有时间和空间尺度的结构，代价则是极为庞大的计算量和较低的数值稳定性，因此多用于比较简单、雷诺数较低的流体运动。LES 的主要思想是在计算域内对湍流脉动进行空间平均，将大尺度涡和小尺度涡分离开，大尺度湍流直接利用数值求解，小尺度湍流脉动通过建立亚格子模型求解。对于同样的计算问题，LES 相对于 RANS 来说，计算所需时间更长。海岸工程问题数值模拟中广泛应用的湍流模拟方法是采用 RANS，该方法通过计算湍流信息的平均数，求解时间平均方程，将流体的质量、动量和能量运输方程通过引入湍流黏度（涡黏度）来对应力张量进行建模，其质量和动量方程为

$$\frac{\partial u_i}{\partial x_i} = 0 \tag{6.20}$$

$$\frac{\partial \rho u_i}{\partial t} + \frac{\partial \rho u_j u_i}{\partial x_j} - \frac{\partial}{\partial x_j}\left[\mu_{\text{eff}} \frac{\partial u_i}{\partial x_j}\right] = -\frac{\partial p^*}{\partial x_i} + F_{b,i} + f_{\sigma,i} \tag{6.21}$$

式中，u_i 和 u_j 为 i 和 j 方向速度场；t 是时间；p^* 是压力项，代表动水压强；u_{eff} 为有效动力黏度；ρ 为密度，其中 F_b 为重力分量，f_σ 为表面应力张量，其表达式如下：

$$F_{b,i} = -g_i x_i \frac{\partial \rho}{\partial x_i} \tag{6.22}$$

$$f_{a,i} = \sigma\kappa \frac{\partial\alpha}{\partial x_i} \tag{6.23}$$

其中, g 是重力加速度; σ 是表面张力系数; α 是体积分数; κ 是表面的平均曲率。

湍流效应通过求解基于雷诺应力的湍流闭合模型被纳入上述 RANS 方程，得到湍流运动黏度 ν_t ，雷诺应力 τ_{ij} 建立了式（6.21）中的有效动力黏度与湍流动能 k 之间的联系。

$$\tau_{ij} = \frac{2}{3}k\delta_{ij} - \nu_t\left(\frac{\partial u_i}{\partial x_j} + \frac{\partial u_j}{\partial x_i}\right) \tag{6.24}$$

式中, δ_{ij} 为克罗内克函数，以 RANS 中的标准 k-ω 剪切应力输运（shear stress transport, SST）湍流模型（Menter et al., 2003）为例，其模型的湍流闭合方程为

$$\frac{\partial k}{\partial t} + \frac{\partial u_j k}{\partial x_j} - \frac{\partial}{\partial x_j}\left[(\nu + \sigma_k\nu_t)\frac{\partial k}{\partial x_j}\right] = P_k - \beta^*\omega k \tag{6.25}$$

$$\frac{\partial\omega}{\partial t} + \frac{\partial u_j\omega}{\partial x_j} - \frac{\partial}{\partial x_j}\left[(\nu + \sigma_\omega\nu_t)\frac{\partial\omega}{\partial x_j}\right] = \frac{\gamma}{\nu_t}G - \beta\omega^2 + 2(1 - F_1)\frac{\sigma_{\omega 2}}{\omega}\frac{\partial k}{\partial x_j}\frac{\partial\omega}{\partial x_j} \tag{6.26}$$

式中:

$$P_k = \min(G, 10\beta^* k\omega) \tag{6.27}$$

$$G = \nu_t\frac{\partial u_i}{\partial x_j}\left(\frac{\partial u_i}{\partial x_j} + \frac{\partial u_j}{\partial x_i}\right) \tag{6.28}$$

$$\nu_t = \frac{\alpha_1 k}{\max(\alpha_1\omega, SF_2)} \tag{6.29}$$

式中, k 为湍动能; P_k 为 k 的源项; ν 为运动黏度; ω 为湍流耗散率; S 为湍流平均应变率; 系数 σ_k 、σ_ω 、β 和 γ 通过式（6.30）计算得到:

$$\phi = F_1\phi_1 + (1 - F_1)\phi_2 \tag{6.30}$$

式中, F_1 和 F_2 是混合函数，具体参见 Menter（1994）。

(2) 无网格方法

文献中，另一类方法的数值离散是直接基于节点（或粒子）与其周围节点的相互作用，无需节点间的连接关系，即网格，这类方法被称作无网格法。在水动力学领域，发展最快、应用最广的无网格法是基于拉格朗日粒子离散的光滑粒子流体动力学（smoothed particle hydrodynamics, SPH）方法。SPH 的无网格属性，使其能一定程度上避免有网格方法在处理液面大变形时的精度和稳定性问题，并且无需对网格法中复杂的自由液面或水气界面捕捉，因此能更有效地模拟波浪近岸传播过程中的大变形和破碎问题。

SPH 采用非连接的粒子来离散计算域（连续介质），粒子运动的控制方程为质量守恒和动量守恒方程，其粒子离散的形式如下:

$$\frac{\mathrm{d}\rho_i}{\mathrm{d}t} = \sum_j m_j\boldsymbol{u}_{ij}\cdot\nabla_i W_{ij} + \delta h_{\mathrm{SPH}}c_0\sum_j \psi_{ij}\cdot\nabla_i W_{ij}V_j \tag{6.31}$$

$$\frac{\mathrm{d}\boldsymbol{u}_i}{\mathrm{d}t} = -\sum_j\left(\frac{P_i + P_j}{\rho_i\rho_j}\right)\nabla_i W_{ij} + \boldsymbol{g} + \Gamma_i \tag{6.32}$$

式中，下标 i、j 分别表示第 i 和第 j 个粒子; ρ 和 m 分别为粒子密度和质量; $\boldsymbol{u}=\mathrm{d}\boldsymbol{r}/\mathrm{d}t$ 表示

速度矢量；W 为光滑函数。式（6.31）中右边第二项是数值扩散项（Fourtakas et al., 2019），$\delta=0.1$ 是一个指定的系数；h_{SPH} 为光滑长度；c_0 为参考声速；ψ 为密度扩散项；V 为粒子体积；P 为水压力；$\boldsymbol{g}$ 为重力加速度；Γ 为黏性项，可以采用人工黏性项（Monaghan, 1992）或考虑湍流模型的黏性项（Gotoh and Khayyer, 2018）。

SPH 方法采用弱可压假设，利用状态方程来显式地建立流体压强和密度之间的联系，因此整个数值计算的过程为显式求解，非常适合于中央处理器（central processing unit, CPU）和图形处理单元（graphics processing unit，GPU）并行计算。SPH 在过去二十年快速发展，国内外学者开发了一些开源 SPH 程序，如 GPUSPH、DualSPHysics、SPHinXsys 等，在海岸和海洋工程领域已取得了较为广泛的应用（Luo et al., 2021）。

6.5.2 基于直接求解 Navier-Stokes 方程的波浪传播变形模拟

文献中，采用基于直接求解 Navier-Stokes 方程的模型来研究波浪传播变形问题的报道近年来已开始出现。例如，Osorio-Cano 等（2018）以加勒比海 Tesoro 岛某处珊瑚礁为原型将真实的珊瑚礁底床进行了一定的简化，基于 LES 对珊瑚礁上由于波浪破碎和底部摩擦导致的能量损耗进行了研究，发现在中等波浪条件下，在光滑和粗糙两种不同礁面上浪高的沿礁衰减差异高达 55%。Li 等（2019）基于 Navier-Stokes 方程并采用 RANS 结合标准的 k-ω SST 湍流模型对物理模型实验珊瑚礁地形上波浪的传播变形进行了数值模拟，分析不同入射波高、水深、礁前斜坡坡度对反射系数和透射系数、波浪破碎、波浪增水以及能量耗散的影响。Chen 等（2020）基于 LES 在实验室尺度上模拟研究了入射波高、周期、礁坪水深、礁前斜坡坡度、防波堤距离礁缘的距离和防波堤堤顶宽度对防波堤上越浪量的影响以及作用在防波堤上波浪力的影响，并提出了预测越浪量和波浪力的经验公式。Lowe 等（2019）利用 SPH 对实验室珊瑚礁地形上规则波的传播过程进行了模拟研究，发现该模型能够合理预测波浪传播过程中的非线性特征（不对称度、偏度特性等）、波能耗散率以及增水与波生流的分布。随后，Lowe 等（2022）将上述方法扩展到了不规则波的传播变形问题，发现 SPH 能够准确地再现波浪破碎过程中复杂的液面变化、波浪谱的沿礁演化、波流增水和波生流的分布以及礁后岸滩上的波浪爬高。最近，基于物理模型实验数据的验证，Yao 等（2022b）采用 RANS 结合孔隙介质模型的 VRRANS，并利用标准的 k-ω SST 湍流模型进行闭合，模拟研究了不同水动力参数、礁形参数和糙率度参数变化对规则波礁后岸滩爬高的影响，分析了波形参数（偏度和不对称度）和非线性参数（厄塞尔数）的沿礁变化以及破碎带附近的湍动能和湍流耗散率，最后基于模拟结果提出了预测礁后岸滩爬高的经验公式。

6.5.3 基于直接求解 Navier-Stokes 方程的波浪增水和波生流模拟

基于直接求解 Navier-Stokes 方程的模型能够给出沿水深分布的详细流场，故近年来其在珊瑚礁海岸增水和波生流问题的研究中应用较为广泛。文献中，Franklin 等（2013）率先采用基于 RANS 的 COBRAS（Cornell Breaking Wave and Structures）模型研究了礁面粗糙度对沿礁波高、增水、低频长波以及波生流的影响，发现波浪增水随着礁面糙率的增加而显著增加，波生流同样受糙率的影响较大。王国玉等（2018）基于 SPH 建立了波浪数值水槽，分析了珊瑚礁坪上的波生流特性，并与实验室测量结果进行了对比，发现在波浪传播过程中由于在礁缘附近发生变形和破碎，礁坪上的水体将产生一个与波浪传播方向相同的流动。温鸿杰等（2018）使用 SPH 研究了波浪在远海台礁上的传播过程，证明了该模型可以较准确地模拟台礁上的波浪破碎和增水过程以及礁坪上波高和波浪增水的空间分布特征；通过在水槽左右两侧采用周期性边界条件和预留水流循环通道，能够有效地模拟开放潟湖问题，即潟湖存在口门与外海联通。Wen 和 Ren（2018）使用 SPH 引入由线性波理论导出的动量源函数，用于模拟规则波和不规则波的生成，随后进一步模拟了礁坪上波浪发生的破碎、产生的增水以及波浪谱的演变，并将预测结果与实验数据相比取得了较好的一致性。随后，Wen 等（2019）采用上述方法进一步研究了珊瑚礁地形上礁坪末端存在直立式防波堤的情况，通过实验数据验证了模型在预测礁坪波高和增水方面的准确性，最后分析了波浪能量从峰值频率向较低和较高频率区间的传递、沿礁波生流的垂向分布以及直立堤位置对礁坪增水和岸滩爬高的影响。随后，Wen 等（2020）使用 SPH 在实验室尺度上研究了可渗透礁体内外波生流的空间分布，分析了孔隙度的变化和孔隙层的厚度对波生流分布的影响。Yao 等（2020c）通过 RANS 建立的波浪数值水槽并结合浮力修正的k-ω SST 湍流模型模拟研究了珊瑚岸礁在有无礁冠影响下破碎带附近波生流的分布特性，并采用物理模型实验数据对模型进行了验证；随后该模型被应用于分析辐射应力和平均流的沿礁变化。Yu 等（2022）通过同样采用 RANS 结合 k-ε 湍流模型建立了数值波浪水槽，研究了礁坪了波生流与防波堤之间的相互作用，并对波生流的沿水深变化以及防波堤上波浪力和动水压力进行了分析。最近，Yao 等（2023b）通过物理模型实验并结合基于 RANS 以及 Larsen 和 Fuhrman（2018）改进后的 $k-\omega$ SST 湍流模型，研究了有无潮汐流影响下珊瑚礁地形破碎带附近波生流情况，并进一步分析了湍动能、雷诺应力的沿礁变化情况。

6.5.4 基于直接求解 Navier-Stokes 方程的孤立波运动模拟

基于直接求解 Navier-Stokes 方程的模型也被少量应用于模拟孤立波与珊瑚礁海岸相互作用问题。姚宇等（2018）基于物理模型实验，采用 LES 合理地模拟了孤立波在珊瑚礁礁前斜坡上的浅化、礁缘附近的破碎以及破碎波在礁坪上的演化过程，并考虑了礁前斜坡坡度和礁坪淹没水深的变化以及礁冠的存在。何天城等（2019）采用 LES 研究了珊瑚礁海岸附近孤立波的传播特性，并通过物理模型实验验证了该模型可以合理地模拟不同礁坪水深时孤立波的浅水变形、破碎、滚波传播以及波生流过程，发现波浪破碎产生的水体涡动会随滚波的沿礁衰减而逐渐耗散，潟湖内的涡动几乎可以忽略不计。Yao 等（2019b）采用 LES 分别对两个珊瑚礁地形上孤立波运动的物理模型实验进行了数值模拟研究，随后应用该模型分析了礁体形态因素变化时孤立波的岸滩爬高规律，以及礁冠或潟湖的存在对礁坪上的波生流及其涡量特征的影响。Yao 等（2020d）采用 VRRANS 在实验室尺度上模拟研究了不同水动力、礁体形态和孔隙介质参数影响下孤立波在礁后岸滩上的爬高规律，并基于数值结果提出了预测岸滩爬高的经验公式，以及分析了湍动能和湍流耗散率的沿礁变化。Fang 等（2022）通过基于 RANS 和标准的 k-ω SST 湍流模型建立数值波浪水槽，研究了孤立波在岸礁地形上的传播以及破碎波对礁坪上直立海堤的冲击，并采用实验数据进行了验证，同时提出了预测海堤上波浪荷载的改进公式。

6.6 总结与展望

6.6.1 总结

随着计算机技术的日新月异，数值模拟方法已成为珊瑚礁海岸水动力学研究领域日益强大的工具。本章首先介绍 Delft3D、MIKE21、ROMS、XBeach-SB 这四种波流耦合数值模型在珊瑚礁海岸水动力模拟方面的应用，主要涉及在海平面上升、珊瑚礁退化、热带气旋等因素影响下不同类型珊瑚礁系统中的波流运动，包括短波和低频长波、波生环流、波浪爬高以及潮汐对系统环流的影响；部分文献还对珊瑚礁系统中沉积物输运、砂岛演变等问题进行了研究。因为波流耦合模型计算效率相对较高，所以通常将其用于现场尺度的水动力模拟问题。

本章随后介绍了 FUNWAVE-TVD 与 COULWAVE 两种基于 Boussinesq 方程的数值模型，基于相位识别的 Boussinesq 模型能同时兼顾波浪的非线性与色散性，作为一种高效的计算工具被大量应用于珊瑚礁海岸水动力的数值模拟研究中，包括对实验室尺度和现场尺度的模拟问题，如波浪传播变形、波浪增水和波生流、孤立波的运动等。

本章接下来从 SWASH、NHWAVE、XBeach-NH 三种非静压数值模型的介绍出发，综述了非静压模型对波浪与珊瑚礁地形相互作用中的波浪传播变形、波浪增水和波生流、海啸波的运动等问题的数值模拟研究。非静压模型是近些年在珊瑚礁水动力模拟领域新兴的一种模型，由于对垂向分布水流的模拟精度有所提高，其被应用于实验室尺度和现场尺度的问题在文献中均有所报道。

本章最后介绍了基于直接求解 Navier-Stokes 方程的模型中两种常用的求解方法（有网格方法和无网格方法），并简单讲述了该类模型中常用的湍流模型，随后综述了基于直接求解 Navier-Stokes 方程的模型在珊瑚礁海岸波浪传播变形、波浪增水和波生流、孤立波的运动等问题中的应用。基于直接求解 Navier-Stokes 方程的模型在求解近岸波浪问题过程中没有对控制方程进行简化，同时结合了湍流模型对波浪能量的耗散进行精细化模拟，故该方法在技术上最具先进性，但受制于计算效率，目前一般被用于实验室尺度问题的模拟。

6.6.2 展望

基于相位平均的波流耦合模型主要通过辐射应力来考虑短波贡献，不能通过相位解析的方式考虑波浪的传播变形及破碎过程，对礁前斜坡陡变地形的适应性也存在挑战。考虑到珊瑚礁海岸真实动力地貌环境的复杂性，未来可进行多尺度多物理场的模拟，通过采用网格嵌套或耦合相位解析模型的方式，使模型具备模拟珊瑚礁地形上波浪从深水传播至浅水变形再到海岸爬高全过程的能力。

基于缓坡假设推导的 Boussinesq 模型通常需要对陡变地形做出平滑处理，且部分模型需要耦合半经验半理论的破碎波模型，水平速度在垂向上也进行了多项式分布的假设。因此，如何使模型更好地适应陡坡地形，更真实地模拟波浪的破碎过程、波生流及海底回流现象仍需要进一步研究；另外，如何运用色散性更好地模拟以适应更大的礁前斜坡水深，也是今后需要关注的一个问题。

非静压波浪模型在模拟过程中，由于垂向上的各层仍需求解泊松（Possion）方程，数值计算量会随着分层的增多而增大；当将该类模型用于大尺度问题时，如何改进计算效率仍需深入研究。非静压模型虽然可采用基于激波捕捉数值耗散的方法来模拟波浪破碎，但仍未能对波浪破碎中的物理现象做细致描述，精确地模拟波浪破碎过程亦是未来的一个研究重点。

目前运用基于直接求解 Navier-Stokes 方法来模拟波浪与珊瑚礁地形相互作用大都局限于二维（波浪传播方向和垂向）问题或对规则波以及孤立波的模拟，将该类方法扩展到三维的问题或对不规则波的模拟，由于需要更长的时间和更高的计算资源，相关文献报道相对缺乏。因此在满足该类模型计算精度的情况下，如何改进计算效率以适应更大尺度的问题是今后的一个改进方向。

参考文献

房克照，刘忠波，唐军，等. 2014. 潜礁上孤立波传播的数值模拟. 哈尔滨工程大学学报，35（3）：295-300.

何天城，姚宇，刘增晟，等. 2019. 孤立波作用下珊瑚礁海岸附近流动特性研究. 水动力学研究与进展（A辑），34（4）：494-502.

黄英丽，王国玉，房克照，等. 2017. 基于 Boussinesq 方程的陡峭礁坪上波浪传播变形数值模拟. 水利水电科技进展，37（1）：38-42.

卢坤，屈科，姚宇，等. 2021. 基于类海啸波型的岛礁水动力特性数值模拟研究. 海洋通报，40（2）：121-132.

聂屿，李训强，朱首贤，等. 2017. 岛礁地形上拍岸浪的数值模拟研究. 海洋科学进展，35（3）：329-336.

王国玉，赵钦阳，葛聪，等. 2018. 珊瑚礁坪地形上波生流的流场特性分析. 河海大学学报，46（3）：253-261.

温鸿杰，张向，任冰，等. 2018. 规则波在岛礁地形上传播的 SPH 模拟. 科学通报，63（9）：865-874.

姚宇，何文润，李宇，等. 2018. 基于 Navier-Stokes 方程珊瑚岛礁附近孤立波传播变形数值模拟. 哈尔滨工程大学学报，39 (2)：392-398.

张其一，史宏达，高伟，等. 2017. 珊瑚礁地形上波浪传播变形的非静压数值模拟. 海岸工程，36 (4)：1-9.

Baldock T E, Shabani B, Callaghan D P. 2019. Open access Bayesian Belief Networks for estimating the hydrodynamics and shoreline response behind fringing reefs subject to climate changes and reef degradation. Environmental Modelling & Software, 119: 327-340.

Baldock T E, Shabani B, Callaghan D P, et al. 2020. Two-dimensional modelling of wave dynamics and wave forces on fringing coral reefs. Coastal Engineering, 155: 103594.

Booij N, Ris R C, Holthuijsen L H. 1999. A third-generation wave model for coastal regions: 1. Model description and validation. Journal of Geophysical Research, 104 (C4): 7649-7666.

Bramante J F, Ashton A D, Storlazzi C D, et al. 2020. Sea Level Rise Will drive divergent sediment transport patterns on fore reefs and reef flats, potentially causing erosion on Atoll Islands. Journal of Geophysical Research: Earth Surface, 125: e2019JF005446.

Buckley M, Lowe R J, Hansen J. 2014. Evaluation of nearshore wave models in steep reef environments. Ocean Dynamics, 64 (6): 847-862.

Buckley M L, Lowe R J, Hansen J E, et al. 2015. Dynamics of wave setup over a steeply sloping fringing reef. Journal of Physical Oceanography, 45 (12): 3005-3023.

Chen H Z, Jiang D H, Tang X C, et al. 2019. Evolution of irregular wave shape over a fringing reef flat. Ocean Engineering, 192: 106544.

Chen Q. 2006. Fully nonlinear boussinesq-type equations for waves and currents over porous beds. Journal of Engineering Mechanics, 132 (2): 220-230.

Chen S, Yao Y, Guo H Q, et al. 2020. Numerical investigation of monochromatic wave interaction with a vertical seawall located on a reef flat. Ocean Engineering, 214: 107847.

Cuttler M V W, Hansen J E, Lowe R J, et al. 2018. Response of a fringing reef coastline to the direct impact of a tropical cyclone. Limnology and Oceanography Letters, 3 (2): 31-38.

Deissler R G. 1986. Is Navier-Stokes turbulence chaotic? The Physics of Fluids, 29 (5): 1453-1457.

Deltares. 2021. User Manual Delft3D-FLOW: simulation of multi-dimensional hydrodynamic flows and transport phenomena, including sediments. Version: 3. 15.

Demirbilek Z, Nwogu O G, Ward D L. 2007. Laboratory Study of Wind Effect on Runup over Fringing Reefs, Report 1: Data Report. ERDC/CHLTR-07-4, Coastal and Hydraulics Laboratory.

Drost E J F, Cuttler M V W, Lowe R J, et al. 2019. Predicting the hydrodynamic response of a coastal reef-lagoon system to a tropical cyclone using phase-averaged and surfbeat-resolving wave models. Coastal Engineering, 152: 103525.

Fang K Z, Liu Z B, Zou Z L. 2016. Fully nonlinear modeling wave transformation over fringing reefs using shock-capturing Boussinesq model. Journal of Coastal Research, 32 (1): 164-171.

Fang K Z, Xiao L, Liu Z B, et al. 2022. Experiment and RANS modeling of solitary wave impact on a vertical wall mounted on a reef flat. Ocean Engineering, 244: 110384.

Filipot J F, Cheung K F. 2012. Spectral wave modeling in fringing reef environments. Coastal Engineering,

67 (3): 67-79.

Fourtakas G, Dominguez J M, Vacondio R, et al. 2019. Local uniform stencil (LUST) boundary condition for arbitrary 3-D boundaries in parallel smoothed particle hydrodynamics (SPH) models. Computers and Fluids, 190: 346-361.

Franklin G, Mariño-Tapia I, Torres-Freyermuth A. 2013. Effects of reef roughness on wave setup and surf zone currents. Journal of Coastal Research, 118: 2005-2010.

Franklin G L, Torres-Freyermuth A, Medellin G, et al. 2018. The role of the reef dune system in coastal protection in Puerto Morelos (Mexico) . Natural Hazards and Earth System Sciences, 18 (4): 1247-1260.

Gao J, Zhou X, Zang J. 2018. Influence of offshore fringing reefs on infragravity period oscillations within a harbor. Ocean Engineering, 158 (15): 286-298.

Gao J L, Ma X Z, Dong G H, et al. 2019. Effects of offshore fringing reefs on the transient harbor resonance excited by solitary waves. Ocean Engineering, 190: 106422.

Gelci R. 1957. Prévision de la houle. La méthode des densités spectroangulaires. Bull. Inform. Comité Central Oceanogr. d'Etude Côtes, 9: 416-435.

Gotoh H, Khayyer A. 2018. On the state-of-the-art of particle methods for coastal and ocean engineering. Coastal Engineering Journal, 60 (1): 79-103.

GradyA E, Reidenbach M A, Moore L J, et al. 2013. The influence of sea level rise and changes in fringing reef morphology on gradients in alongshore sediment transport. Geophysical Research Letters, 40 (12): 3096-3101.

Green R H, Lowe R J, Buckley M L. 2018. Hydrodynamics of a tidally forced coral reef atoll. Journal of Geophysical Research: Oceans, 123 (10): 7084-7101.

Grimaldi C M, Lowe R J, Benthuysen J A, et al. 2022. Wave and tidally driven flow dynamics within a coral reef atoll off Northwestern Australia. Journal of Geophysical Research: Ocean, 127 (3): e2021JC017583.

Harlow F H, Welch J E. 1965. Numerical calculation of time-dependent viscous incompressible flow of fluid with free surface. The Physics of Fluids, 8 (12): 2182-2189.

Hasselmann K, Bauer E, Janssen P A E M, et al. 1988. The WAM model-a third generation ocean wave prediction model. Journal of Physical Oceanography, 18: 1775-1810.

Hearn C J. 2011. Perspectives in coral reef hydrodynamics. Coral Reefs, 30 (1): 1-9.

Higuera P, Lara J L, Losada I J. 2013. Simulating coastal engineering processes with OpenFOAM® . Coastal Engineering, 71: 119-134.

Hirt C W, Nichols B D. 1981. Volume of fluid (VOF) method for the dynamics of free boundaries. Journal of Computational Physics, 39 (1): 201-225.

Hsiao S C, Lin T C. 2010. Tsunami-like solitary waves impinging and overtopping an impermeable seawall: experiment and RANS modeling. Coastal Engineering, 57 (1): 1-18.

Jacobsen N G, Fuhrman D R, Fredsoe J. 2012. A wave generation toolbox for the open-source CFD library: OpenFoam® . International Journal for Numerical Methods in Fluids, 70 (9): 1073-1088.

Kennedy A B, Chen Q, Kirby J T, et al. 2000. Boussinesq modeling of wave transformation, breaking, and runup. I: 1D. Journal of Waterway, Port, Coastal, and Ocean Engineering, ASCE 126 (1): 43-50.

Kim D H, Lynett P, Socolofsky S A. 2009. A depth-integrated model for weakly dispersive, turbulent, and rotational fluid flows. Ocean Modeling, 27: 198-214.

Kirby J T, Long W, Shi F. 2003. Funwave 2.0 Fully Nonlinear Boussinesq Wave Model on Curvilinear Coordinates. Report No. CACR- 02- xx. Center for Applied Coastal Research, Dept. of Civil & Environmental Engineering, University of Delaware Newark, Delaware.

Komar P D. 1971. The mechanics of sand transport on beaches. Journal of Geophysical Research, 76 (3): 713-721.

Lara J L, Losada I J, Guanche R. 2008. Wave interaction with low-mound breakwaters using a RANS model. Ocean Engineering, 35 (13): 1388-1400.

Larsen B E, Fuhrman D R. 2018. On the over-production of turbulence beneath surface waves in Reynolds-averaged Navier-Stokes models. Journal of Fluid Mechanics, 853: 419-460.

Lashley C H, Roelvink D, van Dongeren A, et al. 2018. Nonhydrostatic and surfbeat model predictions of extreme wave run-up in fringing reef environments. Coastal Engineering, 137: 11-27.

Lesser G R, Roelvink J A, van Kester J A T M, et sl. 2004. Development and validation of a three-dimensional morphological model. Coastal Engineering, 51 (8-9): 883-915.

Li J X, Zang J, Liu S X. 2019. Numerical investigation of wave propagation and transformation over a submerged reef. Coastal Engineering Journal, 61 (3): 363-379.

Liu W J, Liu Y S, Zhao X Z. 2019. Numerical study of Bragg reflection of regular water waves over fringing reefs based on a Boussinesq model. Ocean Engineering, 190: 106415.

Liu W J, Ning Y, Shi F, et al. 2020a. A 2DH fully dispersive and weakly nonlinear Boussinesq-type model based on a finite-volume and finite-difference TVD-type scheme. Ocean Modelling, 147: 101559.

Liu W J, Liu Y S, Zhao X Z, et al. 2022. Numerical study of irregular wave propagation over sinusoidal bars on the reef flat. Applied Ocean Research, 121: 103114.

Liu Y, Li S, Zhao X, et al. 2020b. Artificial neural network prediction of overtopping rate for impermeable vertical seawalls on coral reefs. Journal of Waterway, Port, Coastal and Ocean Engineering, 146 (4): 04020015.

Liu Y, Liao Z, Fang K, et al. 2021. Uncertainty of wave runup prediction on coral reef- fringed coasts using SWASH model. Ocean Engineering, 242: 110094.

Liu Y, Yao Y, Liao Z, et al. 2023. Fully nonlinear investigation on energy transfer between long waves and short-wave groups over a reef. Coastal Engineering, 179: 104240.

Longuet-Higgins M, Stewart R. 1962. Radiation stress and mass transport in gravity waves, with application to 'surf beats'. Journal of Fluid Mechanics, 13 (4): 481-504.

Lowe R J, Falter J L, Monismith S G, et al. 2009. A numerical study of circulation in a coastal reef-lagoon system. Journal of Geophysical Research, 114 (C6): C06022.

Lowe R J, Hart C, Pattiaratchi C B. 2010. Morphological constraints to wave-driven circulation in coastal reef-lagoon systems: a Numerical Study. Journal of Geophysical Research, 115 (C9): C09021.

Lowe R J, Leon A S, Symonds G, et al. 2015. The intertidal hydraulics of tide-dominated reef platforms. Journal of Geophysical Research: Oceans, 6: 120.

Lowe R J, Buckley M L, Altomare C, et al. 2019. Numerical simulations of surf zone wave dynamics using Smoothed Particle Hydrodynamics. Ocean Modelling, 144: 101481.

Lowe R J, Altomare C, Buckley M L, et al. 2022. Smoothed Particle Hydrodynamics simulations of reef surf zone processes driven by plunging irregular waves. Ocean Modelling, 71: 101945.

Luo M, Khayyer A, Lin P. 2021. Particle methods in ocean and coastal engineering. Applied Ocean Research, 114: 102734.

Lynett P, Liu P L. 2008. Modeling Wave Generation, Evolution, and Interaction with Depth-Integrated, Dispersive Wave Equations. Coulwave Code Manual v. 2. 0. Cornell Univ, Ithaca, N. Y.

Lynett P, Wu T R, Liu P L. 2002. Modeling wave runup with depth- integrated equations. Coastal Engineering, 46 (2): 89-107.

Ma G, Shi F, Kirby J T. 2012. Shock-capturing non-hydrostatic model for fully dispersive surface wave processes. Ocean Modelling, 43-44: 22-35.

Ma G, Kirby J T, Shi F. 2013a. Numerical simulation of tsunami waves generated by deformable submarine landslides. Ocean Modelling, 69: 146-165.

Ma G, Kirby J T, Su S, et al. 2013b. Numerical study of turbulence and wave damping induced by vegetation canopies. Coastal Engineering, 80: 68-78.

Ma G, Su S F, Liu S, et al. 2014. Numerical simulation of infragravity waves in fringing reefs using a shock-capturing non-hydrostatic model. Ocean Engineering, 85: 54-64.

Madsen P A, Sørensen O R. 1992. A new form of the Boussinesq equations with improved linear dispersion characteristics. Part 2: a slowly varying bathymetry. Coastal Engineering, 18: 183-204.

Madsen P A, Sørensen O R, Schaffer H A. 1997. Surf zone dynamic simulated by a Boussinesq-type model. Part I. Model description and cross-shore motion of regular waves. Coastal Engineering, 32: 255-287.

Massel S R, Gourlay M R. 2000. On the modelling of wave breaking and set-up on coralreefs. Coastal Engineering, 39 (1): 1-27.

Masselink G, Tuck M, McCall R, et al. 2019. Physical and Numerical Modeling of Infragravity Wave Generation and Transformation on CoralReef Platforms. Journal of Geophysical Research: Oceans, 124 (3): 1410-1433.

Maza M, Lara J L, Losada I J. 2013. A coupled model of submerged vegetation under oscillatory flow using Navier-Stokes equations. Coastal Engineering, 80 (7): 16-34.

Menter F R, Ferreira J C, Esch T, et al. 2003. The SST turbulence model with improved wall treatment for heat transfer predictions in gas turbines. Proceedings of the International Gas Turbine Congress, Tokyo, Japan, pp. IGTC2003-TS-2059.

Menter F R. 1994. Two- equation eddy- viscosity turbulence models for engineering applications. Aiaa Journal, 32 (8): 1598-1605.

Monaghan J J. 1992. Smoothed particle hydrodynamics. Annual Review of Astronomy and Astrophysics, 30 (1): 543-574.

Ning Y, Liu W, Sun Z, et al. 2018. Parametric study of solitary wave propagation and runup over fringing reefs based on a Boussinesq wave model. Journal of Marine Science and Technology (Japan), 24 (2): 512-525.

Ning Y, Liu W J, Zhao X Z, et al. 2019. Study of irregular wave runup over fringing reefs based on a shock-capturing Boussinesq model. Applied Ocean Research, 84: 216-224.

Nwogu O. 1993. Alternative form of Boussinesq equations for nearshore wave propagation. Journal of Water way Port Coastal & Ocean Engineering, 119 (6): 618-638.

Nwogu O, Demirbilek Z. 2010. Infragravity wave motions and runup over shallow fringing reefs. Journal of Waterway Port Coastal & Ocean Engineering, 136 (6): 295-305.

Ortiz A C, Ashton A D. 2019. Exploring carbonate reef flat hydrodynamics and potential formation and growth mechanisms for motu. Marine Geology, 412: 173-186.

Osher S, Sethian J A. 1988. Fronts propagating with curvature-dependent speed: algorithms based on Hamilton-Jacobi formulations. Journal of Computational Physics, 79 (1): 12-49.

Osorio-Cano J D, Alcerreca-Huerta J C, Osorio A F. 2018. CFD modelling of wave damping over a fringing reef in the Colombian Caribbean. Coral Reefs, 37: 1093-1108.

Pearson S G, Storlazzi C D, van Dongeren A R, et al. 2017. A Bayesian-Based System to assess wave-driven flooding hazards on coral reef-lined coasts. Journal of Geophysical Research: Oceans, 122: 10099-10117.

Peláez-Zapata D S, Montoya R D, Osorio A F. 2018. Numerical study of run-up oscillations over fringing reefs. Journal of Coastal Research, 345: 1065-1079.

Peregrine D H. 1967. Long waves on a beach. Journal of Fluid Mechanics, 27: 815-827.

Pomeroy A, Lowe R, Symonds G, et al. 2012. The dynamics of infragravity wave transformation over a fringing reef. Journal of Geophysical Research, 117: C11022.

Qu K, Liu T W, Chen L, et al. 2022. Study on transformation and runup processes of tsunami-like wave over permeable fringing reef using a nonhydrostatic numerical wave model. Ocean Engineering, 243: 110228.

Quataert E, Storlazzi C, van Rooijen A, et al. 2015. The influence of coral reefs and climate change on wave-driven flooding of tropical coastlines. Geophysical Research Letters, 42 (15): 6407-6415.

Quataert E, Storlazzi C, van Dongeren A, et al. 2020. The importance of explicitly modelling sea-swell waves for runup on reef-lined coasts. Coastal Engineering, 160: 103704.

Rijnsdorp D P, Smit P B, Zijlema M. 2014. Non-hydrostatic modelling of infragravity waves under laboratory conditions. Coastal Engineering, 85: 30-42.

Rijnsdorp D P, Buckley M L, da Silva R F, et al. 2021. A numerical study of wave-driven mean flows and setup dynamics at acoral reef-lagoon system. Journal of Geophysical Research: Oceans, 126 (4): e2020JC016811.

Roeber V, Cheung K F. 2012. Boussinesq-type model for energetic breaking waves in fringing reef environments. Coastal Engineering, 70 (4): 1-20.

Roeber V, Cheung K F, Kobayashi M H. 2010. Shock-capturing Boussinesq-type model for nearshore wave processes. Coastal Engineering, 57 (4): 407-423.

Roelvink D, Reniers A, van Dongeren A, et al. 2009. Modelling storm impacts on beaches, Dunes and Barrier Islands. Coastal Engineering, 56 (11-12): 1133-1152.

Roelvink F E, Storlazzi C D, van Dongeren A, et al. 2021. Coral reef restorations can be optimized to reduce coastal flooding hazards. Frontiers in Marine Science, 8: 653945.

Roelvink J A, Reniers A J, van Dongeren A, et al. 2010. XBeach Model Description and Manual - V6. Deltares, Delft, ND, p. 108p.

Rogers J S, Monismith S G, Koweek D A, et al. 2016. Wave dynamics of a Pacific Atoll with high frictional effects. Journal of Geophysical Research: Oceans, 121 (1): 350-367.

Rosati J D, Walton T L, Bodge K. 2002. Longshore sediment transport. //Walton T, King D (eds) Coastal engineering manual, part Ⅲ, coastal sediment processes chapter Ⅲ-2, engineer manual 1110-2-1100. U. S. Army Corps of Engineers, Washington DC.

Scott F, Antolinez J A, McCall R, et al. 2020. Hydromorphological characterization of coral reefs for wave runup prediction. Frontiers in Marine Science, 7: 361.

Sheremet A, Kaihatu J M, Su S F. 2011. Modeling of nonlinear wave propagation overfringing reefs. Coastal Engineering, 58 (12): 1125-1137.

Shi F, Kirby J T, Harris J C, et al. 2012. A high-order adaptive time-stepping TVD solver for Boussinesq modeling of breaking waves and coastal inundation. Ocean Modelling, 43-44: 0-51.

Shi J, Zhang C, Zheng J, et al. 2018. Modelling Wave Breaking across Coral Reefs Using a Non-Hydrostatic Model. Journal of Coastal Research, 85: 501-505.

Shimozono T, Tajima Y, Kennedy A B. 2015. Combined infragravity wave and sea-swell runup over fringing reefs by super typhoon Haiyan. Journal of Geophysical Research: Oceans, 120: 4463-4486.

Shope J B, Storlazzi C D. 2019. Assessing morphologic controls on atoll island alongshore sediment transport gradients due to future sea-level rise. Frontiers in Marine Science, 6: 245.

Shope J B, Storlazzi C D, Hoeke R K. 2017. Projected atoll shoreline and run-up changes in response to sea level rise and varying large wave conditions at Wake and Midway Atolls, Northwestern Hawaiian Islands. Geomorphology, 295: 537-550.

Skotner C, Apelt C J. 1999. Application of a Boussinesq model for the computation of breaking waves: Part 2: wave-induced setdown and set-up on a submerged coral reef. Ocean Engineering, 26 (10): 927-947.

Smit P, Zijlema M, Stelling G. 2013. Depth- induced wave breaking in a non- hydrostatic, near- shore wave model. Coastal Engineering, 76: 1-16.

Smit P, Janssen T, Holthuijsen L, Smith J. 2014. Non-hydrostatic modeling of surf zone wave dynamics. Coastal Engineering, 83: 36-48.

Smith E R, Hesser T J, Smith J M. 2012. Two- and three-dimensional laboratory studies of wave breaking, dissipation, setup, and runup on reefs. ERDC/CHL TR-12-21. U. S. Army Engineer Research and Development Center, Vicksburg, MS.

Sous D, Tissier M, Rey V, et al. 2019. Wave transformation over a barrier reef. Continental Shelf Research, 184: 66-80.

Storlazzi C D, Elias E, Field M E, et al. 2011. Numerical modeling of the impact of sea level rise on fringing coral reef hydrodynamics and sediment transport. Coral Reefs, 30 (S1): 83-96.

Su S F, Ma G F. 2018. Modeling two-dimensional infragravity motions on a fringing reef. Ocean Engineering, 153: 256-267.

Su S F, Ma G F, Hsu T W. 2015. Boussinesq modeling of spatial variability of infragravity waves on fringing reefs. Ocean Engineering, 101: 78-92.

Su S F, Ma G F, Hsu T W. 2021. Numerical modeling of low-frequency waves on a reef island in the South China Sea during typhoon events. Coastal Engineering, 169: 103979.

Taebi S, Lowe R J, Pattiaratchi C B, et al. 2012. A numerical study of the dynamics of the wave-driven circulation within a fringing reef system. Ocean Dynamics, 62 (4): 585-602.

Thran M C, Brune S, Webster J M, et al. 2021. Examining the impact of the Great Barrier Reef on tsunami propagation using numerical simulations. Natural Hazards, 108 (1): 347-388.

Tolman H L. 1989. The numerical model WAVEWATCH: a third generation model for hindcasting of wind waves on tides in shelf seas. Communication on Hydraulic and Geotechnical Engineering, Delhi University of Technology,

89 (2): 1-72.

Tolman H L. 1991. A third-generation model for wind waves on slowly varying, unsteady, and inhomogeneous depths and current. Journal of Physical Oceanography, 21 (6): 782-797.

Torres-FreyermuthA I, Lara J L, Losada I J. 2007. Modeling of surf zone processes on a natural beach using Reynolds-Averaged Navier-Stokes equations. Journal of Geophysical Research, 112 (C9): 312-321.

Torres-FreyermuthA I, Lara J L, Losada I J. 2010. Numerical modelling of short and long-wave transformation on a barred beach. Coastal Engineering, 57 (3): 317-330.

Torres-FreyermuthA I, Marino-tapia I, Coronado C. 2012. Wave-induced extreme water levels in the Puerto Morelos fringing reef lagoon. Natural Hazards and Earth System Sciences, 12 (12): 3765-3773.

van Dongeren A, Lowe R, Pomeroy A, et al. 2013. Numerical modeling of low-frequency wave dynamics over a fringing coral reef. Coastal Engineering, 73: 178-190.

Veeramony J, Svendsen I A. 2000. The flow in surf-zone waves. Coastal Engineering, 39: 93-122.

Warner J C, Sherwood C R, Signell R P, et al. 2008. Development of a three-dimensional, regional, coupled wave, current, and sediment-transport model. Computers and Geosciences, 34 (10): 1284-1306.

Wei G, Kirby J T. 1995. Time-dependent numerical code for extended boussinesq equations. Journal of Waterway Port Coastal & Ocean Engineering, 121 (5): 251-261.

Wei G, Kirb J T, Grilli S T, et al. 1995. A fully nonlinear Boussinesq model for surface waves. Part 1. Highly nonlinear unsteady waves. Journal of Fluid Mechanics, 294: 71-92.

Wen H J, Ren B. 2018. A non-reflective spectral wave maker for SPH modeling of nonlinear wave motion. Wave Motion, 79: 112-128.

Wen H J, Ren B, Zhang X, et al. 2019. SPH modeling of wave transformation over a coral reef with seawall. Journal of Waterway, Port, Coastal, and Ocean Engineering, 145 (1): 04018026.

Wen H J, Ren B, Dong P, et al. 2020. Numerical analysis of wave-induced current within the inhomogeneous coral reef using a refined SPH model. Coastal Engineering, 156: 103616.

Yao Y, Lo E Y M, Huang Z H. 2009. An experimental study of wave-induced set-up over a horizontal reef with an Idealized Ridge. International Conference on Ocean, Offshore and Arctic Engineering. New York: ASME: 383-389.

Yao Y, Huang Z, Monismith S G, et al. 2012. 1DH Boussinesq modeling of wave transformation over fringing reefs. Ocean Engineering, 47: 30-42.

Yao Y, Becker J M, Ford M R, et al. 2016. Modeling wave processes over fringing reefs with an excavation pit. Coastal Engineering, 109: 9-19.

Yao Y, He F, Tang Z J, et al. 2018. A study of tsunami-like solitary wave transformation and run-up over fringing reefs. Ocean Engineering, 149: 142-155.

Yao Y, Zhang Q M, Chen S G, et al. 2019a. Effects of reef morphology variations on wave processes over fringing reefs. Applied Ocean Research, 82: 52-62.

Yao Y, He T C, Deng Z Z, et al. 2019b. Large eddy simulation modeling of tsunami-like solitary wave processes over fringing reefs. Natural Hazards Earth System Sciences, 19: 1281-1295.

Yao Y, Chen S, Zheng J, et al. 2020a. Laboratory study on wave transformation and run-up in a 2DH reef-lagoon-channel system. Ocean Engineering, 215: 107907.

Yao Y, Zhang Q M, Becker J M, et al. 2020b. Boussinesq modeling of wave processes in field fringing reef environments. Applied Ocean Research, 95: 102025.

Yao Y, Liu Y C, Chen L, et al. 2020c. Study on the wave-driven current around the surf zone over fringing reefs. Ocean Engineering, 198: 106968.

Yao Y, Chen X J, Xu C H, et al. 2020d. Modeling solitary wave transformation and run-up over fringing reefs with large bottom roughness. Ocean Engineering, 218: 108208.

Yao Y, Yang X X, Lai S H. 2021. Predicting tsunami-like solitary wave run-up over fringing reefs using the multi-layer perceptron neural network. Natural Hazards, 107: 601-616.

Yao Y, Wu J, Li J X, et al. 2022a. A Numerical study on the responses of wave-driven circulation to varying incident wave forcing and reef morphology in a reef-lagoon-channel system. China Ocean Engineering, 36 (6): 1-14.

Yao Y, Chen X J, Xu C H, et al. 2022b. Numerical modelling of wave transformation and runup over rough fringing reefs using VARANS equations. Applied Ocean Research, 118: 102952.

Yao Y, Peng E M, Liu W J, et al. 2023a. Modeling wave processes in a reef-lagoon-channel system based on a Boussinesq model. Ocean Engineering, 268: 113404.

Yao Y, Li Z Z, Xu C H, et al. 2023b. A study of wave-driven flow characteristics across a reef under the effect of tidal current. Applied Ocean Research, 130, 103430.

Yu T, Meng X, Li T, et al. 2022. Numerical simulation of interaction between wave-driven currents and revetment on coral reefs. Ocean Engineering, 254: 111346.

Zhang S J, Zhu L S, Zou K. 2019. A comparative study of numerical models for wave propagation and setup on steep coral reefs. China Ocean Engineering, 33 (4): 424-435.

Zheng J H, Yao Y, Chen S G, et al. 2020. Laboratory study on wave-induced setup and wave-driven current in a 2DH reef-lagoon-channel system. Coastal Engineering, 162: 103772.

Zhou Q, Zhan J M, Li Y S. 2016. Parametric investigation of breaking solitary wave over fringing reef based on shock-capturing Boussinesq model. Coastal Engineering Journal, 58: 2, 1650007-1-1650007-21.

Zijlema M, Stelling G, Smit P. 2011. Swash: an operational public domain code for simulating wave fields and rapidly varied flows in coastal waters. Coastal Engineering, 58 (10): 992-1012.

第7章　珊瑚礁海岸沉积物运动及珊瑚砂岛演变

7.1 引　言

珊瑚礁是由大量的造礁石珊瑚与碳酸盐沉积物不断堆积形成，其中，珊瑚砂是多孔的珊瑚礁骨架在外动力（风、海流、波浪和潮汐等）和侵蚀（生物、化学、物理）作用下形成的珊瑚礁表层松散的碳酸钙质碎屑。这些碳酸盐沉积物在礁坪上不断堆积、发育成珊瑚砂岛（motu 或 reef islands），根据其物质组成及有无植被覆盖被划分为无植被和有植被的砾岛或砂岛（Harney et al.，2000；赵美霞等，2017）。同时，部分发育良好、条件适宜的珊瑚岛礁可供人类居住。

珊瑚礁海岸水沙动力过程由于涉及沉积物的特性和分布、沉积物的输运和珊瑚砂岛的演变，与普通沙质海岸水沙动力过程相比存在显著的差异，主要表现在：第一，由于沉积物来源不同，珊瑚礁海域以碳酸钙为主的生物群落沉积物其物理性质显著区别于普通海岸以石英砂为主的沉积物；第二，与一般平缓沙质岸滩相比，珊瑚礁海岸通常由一个较陡的（坡度通常大于1∶20）礁前斜坡和一个较平坦的礁坪组成，同时礁面生长有大量珊瑚群落，珊瑚礁陡变的地形和礁面的大糙率减弱了珊瑚礁上水动力作用并对沉积物的运动起到了遮蔽效应，延缓了珊瑚礁海岸的演变；第三，相对于普通沙质海岸，珊瑚礁海岸通常是不连续的，存在单个或多个口门，因此往往形成了礁坪向岸流、潟湖沿岸流和口门回流，三者组成的水平环流系统是控制沉积物输运的主要因素；第四，波浪在珊瑚礁陡变地形上破碎产生的低频长波也被证明是影响礁坪上沉积物输运的重要因素。

远海复杂动力环境中进行工程建设遇到的地基液化、珊瑚砂的流失、防浪建筑物基础失稳等问题急需相关的泥沙动力学理论作为支撑。我国在珊瑚礁海岸水沙动力学基础研究方面起步较晚，出现了研究成果远远落后于工程实际需求的状况。因此开展珊瑚礁海岸泥沙动力学的研究具有重要的学术价值和现实意义。

7.2 珊瑚礁沉积物的物理特性和分布特征

7.2.1 沉积物的物理特性

珊瑚礁系统中碳酸盐沉积物主要由有孔虫、礁体碎块、软体动物、仙掌藻、珊瑚藻类和重新组合的颗粒组成，各组成部分在沉积物中的占比依次减少；其中礁体碎块、仙掌藻和珊瑚藻类组成的珊瑚砂主要来源于珊瑚礁骨架，而其余沉积物则主要来源于珊瑚礁底栖生物群落（Dawson and Smithers，2014）。珊瑚礁系统中的底栖生物群落主要包括底栖动物和底栖藻类，底栖动物主要包括软体动物、有孔虫、棘皮动物、节肢动物等，而底栖藻类则主要包括利于珊瑚礁骨架发育的皮壳状珊瑚藻和导致珊瑚礁退化的皮草海藻及大型海藻（Cuttler et al.，2015，2019）。

碳酸盐沉积物中的珊瑚砂是由多孔的珊瑚礁在外动力作用（风浪、潮流等）和风化作用侵蚀、破碎、打磨下形成的钙质碎屑物（Kench et al.，2012），某些鱼类啃噬珊瑚礁所产生的排泄物亦是其重要来源（Cuttler et al.，2019）。珊瑚砂较陆缘石英砂在力学特性方面存在较大差异，其磨圆度低、棱角度高，具有高孔隙比；硬度低、具有内空隙，具有高压缩性；内摩擦角大、强度低，易于破碎（孙宗勋，2000）。此外，与分选和磨圆良好且密度较为统一的石英颗粒相比，珊瑚砂的分选更差、形态和密度也不规则，使得珊瑚砂的沉积动力学特征更加复杂（Li et al.，2020；de Kruijf et al.，2021）。珊瑚砂相较普通石英砂更易起动，易随波浪迁至他处，加大了礁体上珊瑚砂流失的风险，从而会影响礁体的稳定以及礁后岸线的演化（苟涛等，2009）。

另外，珊瑚沉积物独特的物质组成及特性决定了其颗粒大小不均，不同地区珊瑚礁上沉积物的粒径分布存在差异。例如，Cuttler等（2015，2019）利用筛分法和水析沉降法确定了西澳大利亚 Ningaloo 礁上沉积物的粒径为 0.06 ~ 2mm。基于同一地点，Pomeroy 等（2021）利用激光衍射粒径分析仪对沉积物的粒径进行了直接测量并得出了相似的结论。而对于我国的南沙群岛，孙宗勋（2000）对其中 25 个礁体沉积物进行了样品采集，通过筛分法进行粒径分析，发现南沙群岛粒径基本>0.063mm，大部分为粗砂（>0.5mm），其次为中砂（0.25 ~ 0.5mm），存在少量细砂（0.063 ~ 0.25mm）。

7.2.2 沉积物的分布特征

珊瑚礁系统碳酸盐沉积物的空间分布是研究沉积物输运过程的一个重要依据，沉积物受底栖生物群落分布、珊瑚礁地貌特征等因素的影响，在全球不同地区的分布有所不同。例如，Gischler（2006）通过现场观测发现马尔代夫的 Rasdhoo 环礁和阿里（Ari）环礁区沉积物的分布主要受珊瑚藻分布的影响，而潟湖内沉积物则以软体动物和有孔虫为主。

Rankey 和 Reedel（2010）研究了加勒比海地区巴哈马（Bahamas）群岛某弧形珊瑚礁群沉积物的分布，发现珊瑚礁群中存在点礁、台礁等特殊礁形使得沉积物的分布有区别于常见的岸礁、堡礁和环礁地形，沉积物以有孔虫为主。Dawson 和 Smithers（2014）通过分析大堡礁北部 Raine 岛礁沉积物的分布与地貌特征间的联系，发现外礁坪上主要为珊瑚碎块、珊瑚藻类，内礁坪上主要为粗砂，其中位于内礁坪的中央珊瑚带是礁坪上沉积物沉积率最高的区域。

另外，沉积物的分布特性在同一珊瑚礁区域也会有所不同。例如，Cuttler 等（2015）对西澳大利亚 Ningaloo 礁某地不同位置的沉积物进行取样分析，发现沉积物颗粒大小沿礁坪向潟湖方向逐渐减小，而沉积物的分选性逐渐增加。Hamylton 等（2016）则通过海底测绘技术对大堡礁南部 Lady Musgrave 岛的珊瑚礁进行底栖生物群落测绘，通过分析底栖生物群落的分布研究了礁坪上沉积物的分布特性，发现潟湖内沉积物以中细砂为主，同时还分布了藻屑和重新组合的颗粒等沉积物。上述研究在一定程度上分析了沉积物的分布分别与珊瑚礁地貌、底栖生物群落之间的单一关系，但沉积物的分布通常受到两者的共同影响，珊瑚礁海岸沉积物的分布特征目前尚未得到很好的阐释，此问题有待进一步深入研究。

7.3 沉积物的起动和沉降

碳酸盐沉积物的起动和沉降能够直接影响到珊瑚礁海岸沉积物输运及珊瑚砂岛演变过程，是研究珊瑚礁海岸泥沙动力学的基础。现有关于泥沙起动和沉降的研究多以普通石英砂为主，专门针对珊瑚礁碳酸盐沉积物颗粒起动和沉降的研究则相对较少。由于珊瑚礁系统中碳酸盐沉积物特殊的形成方式、存在环境及物理特性，碳酸盐沉积物的起动和沉降呈现出与普通泥沙迥异的运动特征（Ford and Kench，2012），因此不能简单借鉴普通石英砂的相关研究成果来描述碳酸盐沉积物的运动特征。

关于沉积物起动，著名的希尔兹（Shields）曲线（Shields，1936）指出当松散的沉积物层受到的床面剪切应力超过沉积物的临界阈值时，沉积物就会从沉积状态转变为起动状态，这个临界阈值取决于沉积物的物理特性，但该希尔兹曲线仅适用于河流和沿海的稳定（单向）流系统。因此，Madsen 和 Grant（1976）考虑了波浪环境的影响，将希尔兹曲线进一步优化，提出用床面最大瞬时剪切应力代替床面剪切应力，得到了新的碳酸盐沉积物起动希尔兹数。

随后，越来越多的学者通过物理模型实验的方式深入研究碳酸盐沉积物的运动特征。例如，Smith 和 Cheung（2004）对不同形状的碳酸盐沉积物颗粒进行了对比研究，发现同等粒径的不规则颗粒比规则颗粒更容易起动悬浮。王艳红等（2013）通过对比普通石英砂与现场采集的珊瑚砂的起动过程，发现珊瑚砂比普通石英砂更容易起动，碳酸盐沉积物特殊的物理特性导致了其较石英砂对周围环境的变化更为敏感。周乐序和赵利平（2015）通过研究三种粒径碳酸盐沉积物的起动波高，拟合了经验的起动公式并进行了验证。邹俊飞和赵利平（2016）研究了水深、波浪周期和沉积物粒径对沉积物起动的影响，发现水深和粒径对沉积物起动影响较大，而波浪周期并无显著影响。

关于沉积物的沉降，多以沉积物颗粒沉降速度（ω）为研究对象展开，沉积物颗粒沉降速度是一个基本的动力学参数，间接或直接地决定了悬浮沉积物的沉积过程，其在珊瑚礁系统中碳酸盐沉积物的重新分布过程中同样起着关键作用（Kelham，2011），通过研究海床附近湍流涡量的垂直分量与碳酸盐沉积物颗粒沉降速度之间的关系能够判断其运动的悬浮沉降状态（Bagnold，1966；Francis，1973）。最近，de Kruijf 等（2021）对碳酸盐沉积物沉降速度的相关研究进行了系统综述，首先总结了碳酸盐沉积物颗粒的物理性质(形状、大小、密度等)、所处的海洋环境（海水盐度和温度）及波浪条件对沉降速度的重要性（Ginsburg，2005；Chang et al.，2006；Flemming，2007；Yordanova and Hohenegger，2007；Ford and Kench，2012；Li et al.，2020）；随后，de Kruijf 等（2021）回顾了碳酸盐沉积物沉降方程的演变历史，归纳了大量碳酸盐沉积物沉降公式。例如，文章重点介绍了 Riazi 等（2020）改进的沉降速度公式，它通过优化碳酸盐沉积物阻力系数的预测得到：

$$\omega^2 = \frac{11}{15}\frac{(S-1)g}{C_D}S_f^{\frac{2}{3}}d_n \tag{7.1}$$

式中，$d_n=(d_1d_2d_3)^{\frac{1}{3}}$，其中 d_1，d_2，d_3 分别为沉积物颗粒椭圆球体中相互垂直的长轴、中间轴和短轴的直径；S_f 为 Corey 形状因子；S 为沉积物颗粒比重；C_D 为阻力系数；g 为重力加速度。

7.4 沉积物的输运

7.4.1 现场观测

珊瑚礁系统中沉积物输运是一个跨尺度、多物理过程相耦合的复杂过程，文献中对其研究方法以现场观测、物理模型实验和数值模拟为主。现场观测主要利用相关仪器设备对珊瑚礁系统中固有的沉积物运动进行系统的观测，是最直观有效的对大尺度范围内沉积物输运问题的研究手段。近年来相关的研究报道逐渐增多，部分学者（Pomeroy et al.，2018；Cuttler et al.，2019）通过现场示踪测量发现珊瑚礁在物理、化学、生物作用下产生的沉积物在波浪与珊瑚礁相互作用下进行向岸输运，其中礁前斜坡上的珊瑚可在外海波浪的作用下发生破碎并被抛掷至外礁坪，此处存在较为粗大的沉积物被皮壳状珊瑚藻包覆并黏结于礁面；由于外礁坪处波浪能较强，松散的沉积物碎屑在波浪的作用下继续沿向岸方向输运。对于存在潟湖的珊瑚礁系统，沉积物碎屑将继续被输运至潟湖，潟湖成为沉积物碎屑的主要堆积区［图 7.1（a）］；对于不存在潟湖的珊瑚礁系统，沉积物将在礁后海岸地带不断堆积［图 7.1（b）］。如果珊瑚礁地形上存在口门，少量沉积物则会通过口门被重新输送回外海。

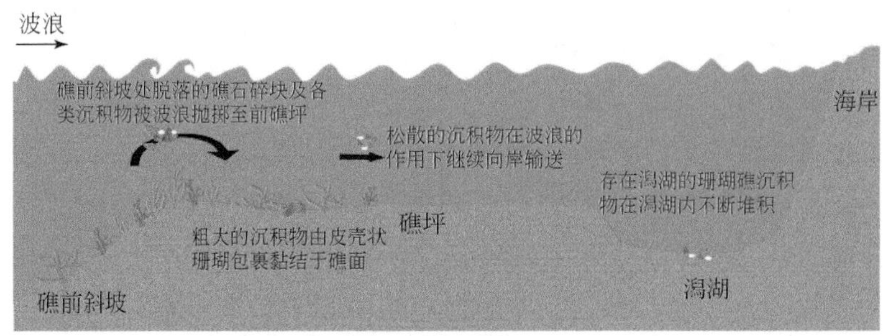

(a)存在潟湖

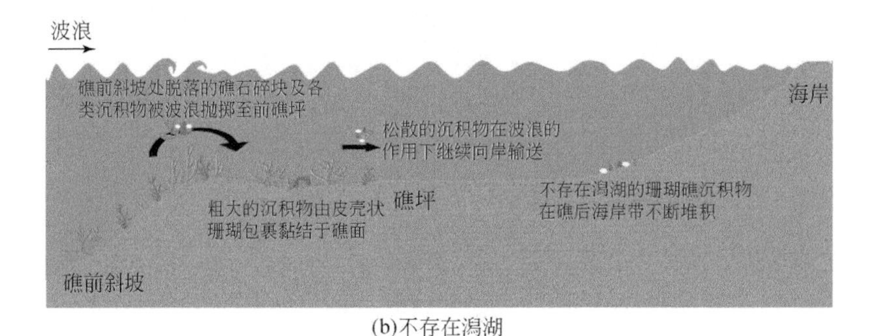

(b)不存在潟湖

图 7.1 珊瑚礁地形上沉积物的输运过程（Pomeroy et al.，2018）

碳酸盐沉积物在运动过程中同样存在悬移质和推移质两种运动表现形式。对于推移质的运动，Rosenberger 等（2020）通过对澳大利亚西部 Ningaloo 礁的某岸礁–潟湖系统的水动力学和沉积物运输过程进行了为期一个月的现场观测，证明了低频长波对推移质沿礁坪和潟湖向岸输运的重要性，并发现当外海波高增大时，在礁缘处破碎产生的波生流将礁坪上的沉积物输运至潟湖内；礁坪和潟湖内不同的输运机制导致了推移质的迁移存在明显的差异，潟湖内推移质的输运主要是由波流共同作用驱动，而礁坪上推移质的输运机制主要分为两种，大浪时的波生流驱动和常浪条件下的波浪驱动。Bramante 等（2020）以西澳大利亚马绍尔群岛夸贾林环礁某区域为研究对象，分析了潜在的净输沙对气候变化引起的海平面上升的响应，并通过 Nielsen 和 Callaghan（2003）提出的计算公式对礁坪上推移质的输沙率进行了估算：

$$q_{b,j} = \frac{A_2 \tau_{e,j} \sqrt{\tau_b}}{g\rho^{\frac{3}{2}}(s-1)} \tag{7.2}$$

式中，$q_{b,j}$ 为第 j 种粒径下单宽推移质的输沙通量；τ_b 为床面剪切应力；$\tau_{e,j}$ 为第 j 种粒径下的过剩剪切应力；g 为重力加速度；ρ 为水的密度；s 为沉积物的比例；A_2 为经验系数。研究结果表明，推移质输沙空间分布不均匀，在礁坪处达到最大，而岸礁后滩处推移质输沙较礁坪处减少近 90%。

当外界水流条件超过一定阈值时，沉积物的运动形式由推移质转换为悬移质。与普通沙质海岸相似，水位的变化可能成为悬移质输运的重要原因。例如，Storlazzi 等（2004）基于夏威夷莫洛凯岛南岸某岸礁的现场观测数据，研究了潮汐对沉积物输运过程的影响，发现潮位上升增大了波浪的能量，引起悬移质的增加，悬移质将随着落潮向外海方向移动并聚集在礁缘附近。基于同一地点，Ogston 和 Field（2010）预测了海平面上升与悬移质浓度之间的关系，发现海平面上升将增大礁坪上悬移质浓度。Ouillon 等（2010）总结了 2000 ~ 2008 年法国国家 EC2CO-PNEC 计划中关于新喀里多尼亚西南部潟湖中悬浮颗粒输运的研究结果，分析了悬浮物浓度在短时间尺度和长时间尺度上的时空变化，测量了悬浮物的粒度分布和密度，并对非均质（砂或泥、来自陆源的或来自生物的）软底的易侵蚀性进行了评估。同时也有研究发现，与普通沙质海岸不同，珊瑚礁礁面存在大糙率的珊瑚骨架，改变了底床流速分布和剪切应力，对悬移质的运动也会产生遮蔽效应（Pomeroy et al.，2015a）。

同时，珊瑚礁特有的陡变地形导致礁坪处可观测到明显的波谱变化，波浪能在高频和低频区间转变，礁坪处的波谱不仅同时存在短波和低频长波成分，而且表现出明显的双峰（bimodal）特征（Lowe and Falter，2015），珊瑚礁海岸上述两个波浪特征显著区别于普通沙质岸滩并对沉积物的输移产生了重要的影响，因此该问题一直备受学者关注（Ogston et al.，2004；Presto et al.，2006；Morgan and Kench，2014）。特别是 Pomeroy 等（2017）通过对西澳大利亚 Ningaloo 礁北部进行的现场观测，分析了礁面粗糙度对沉积物输运的影响，发现糙率的存在显著降低了波能的传播，并阻止了沉积物的悬浮和输运。基于同一珊瑚礁，Pomeroy 等（2018）量化了短波、低频长波和海流对悬移质的浓度分布和输运过程的影响，发现外礁坪段主要是在海流和短波的相互作用下存在少量悬移质，而后礁坪段沉积物主要受低频长波驱动且颗粒较小，存在较多的悬移质；口门处受外海海流和入射波的影响，检测到了高浓度的悬移质。最近，Pomeroy 等（2021）基于在同一地点最新的观测数据，发现大多数沉积物受波浪的作用起动，在海流的驱动下进行水平输送，海流驱动的悬移质通量比波浪驱动的大两个数量级，且推移质通量可达悬移质通量的 3 ~ 4 倍。

除了有关波浪、潮位、海流、礁面糙率影响沉积物输运的研究外，亦有部分研究证实了风暴潮、海啸等极端灾害对沉积物运动的影响（Kench et al.，2006；Carter et al.，2009；Takesue et al.，2021）。他们的观测发现风暴潮与海啸在浅海区域均可引起较大的波浪，能够加速沉积物的运动并增加沉积物的堆积量。例如，Bothner 等（2006）利用沉积物收集器评估了莫洛凯岛南部某岸礁上的沉积物运动过程，发现由于两次风暴的影响，沉积物收集率比非风暴期间高 1000 倍以上，海岸洪水将陆源的沉积物反向输送到了珊瑚礁坪上。Harris 等（2015）通过研究发现存在礁后砂裙（sand apron）的珊瑚礁在普通波浪条件下砂坪沉积物不会发生明显输运，只有当珊瑚礁受风暴引起的极端波浪作用时，砂坪沉积物才参与珊瑚礁系统内的沉积物输运。

7.4.2 物理模型实验

相较于现场观测，物理模型实验可对沉积物输运的物理过程进行可控的测量，是深入认识沉积物输运机理十分重要的研究手段。目前国内外关于珊瑚礁海岸沉积物输运问题的物理模型实验研究较少，文献中仅有 Pomeroy 等（2015b）通过开展波浪水槽实验研究了沉积物的沿礁运动，旨在量化分析礁坪上不规则波中短波和低频长波成分对悬移质和推移质的影响；通过在礁坪中后部设置由石英砂组成的动床（前部为定床并设置人工糙率单元考虑礁面糙率的影响），沿礁进行了悬移质浓度和动床床面地形的测量，通过测定的速度剖面和悬沙浓度剖面提出由式（7.3）计算沿礁的悬沙通量：

$$\langle uC \rangle = \langle (\bar{u} + \tilde{u})(\bar{C} + \bar{C}) \rangle = \bar{u}\bar{C} + \langle \tilde{u}\bar{C} \rangle \tag{7.3}$$

式中，u 为水平流速；C 为悬沙浓度；〈 〉为时间平均量；—为平均量；~为脉动量。式（7.3）右边第一项 $\bar{u}\bar{C}$ 是平均海流促进的悬沙通量，第二项 $\langle \tilde{u}\bar{C} \rangle$ 是脉动通量，并可进一步分解为短波和低频长波驱动项：

$$\langle \tilde{u}\bar{C} \rangle = \langle (u_{\text{hi}} + u_{\text{lo}})(C_{\text{hi}} + C_{\text{lo}}) \rangle = \langle u_{\text{hi}} C_{\text{hi}} \rangle + \langle u_{\text{lo}} C_{\text{lo}} \rangle + \langle u_{\text{lo}} C_{\text{hi}} \rangle + \langle u_{\text{hi}} C_{\text{lo}} \rangle \tag{7.4}$$

式中，下标 hi 和 lo 分别代表短波和低频长波相关的分量，式（7.4）右边四项分别代表了短波、低频长波、短波和低频长波相互作用时低频长波为主导以及短波和低频长波相互作用时短波为主导驱动的悬沙通量。研究结果表明，礁坪上悬移质的输运受到短波、低频长波和波生流的影响，外礁坪处短波是影响悬移质输运的主要因素，在内礁坪段低频长波占据主导地位；短波向离岸方向输送悬移质，而低频长波则向岸方向输送悬移质，礁坪上悬移质总的输运是向岸的；推移质总的输运方向是向岸的并伴随有沙纹的出现，主要是受到短波的影响。

上述研究在一定程度上阐述了短波和低频长波对沉积物的驱动机理以及影响悬移物输移的关键因子，但该物理模型实验存在的缺陷是用石英砂代替了碳酸盐沉积物。Zhao 等（2021）采用石英颗粒水槽实验归纳的沉积动力学公式的模拟结果与海岛碳酸盐沉积物的海底实际沉积证据对比，发现在描述碳酸盐沉积物沉积动力学特征时，采用石英颗粒估算公式的计算结果偏大 2～3 倍。因此，Pomeroy 等（2015b）采用石英砂得到的沉积物输运规律与真实情况可能存在一定差异。同时，相比现场的珊瑚礁海岸动力地貌环礁，目前文献中报道的实验研究亦未系统地分析礁面粗糙度和礁体形态（礁坪宽度、礁前斜坡坡度、礁后岸滩坡度等）的变化对沉积物输移过程的影响。

7.4.3 数值模型

现场观测需耗费大量人力和物力资源，而物理模型实验一般受限于采用与现场实际有差异的概化沉积物颗粒和礁体模型，并普遍存在比尺问题。随着计算方法和计算机硬件的发展，数值模拟可以弥补现场观测和物理模型实验的短板，是珊瑚礁海岸水沙动力学研究的重要发展方向（Hearn，2011）。目前文献中关于珊瑚礁沉积物输运的数值模拟主要采用Delft3D和XBeach两个软件工具（详见第6章）。其中Delft3D软件包括波浪、水流、泥沙、水质等模块，通过将波浪和水流两个模块进行耦合模拟珊瑚礁海域的波流作用，而沉积物输运的模拟则采用对流扩散方程和经验输沙公式。例如，Storlazzi等（2011）利用Delft3D模型研究了夏威夷莫洛凯岛南部某珊瑚岸礁附近水动力特性（波浪、潮位等）对沉积物的输运影响；随后，Grady等（2013）利用同一模型进一步研究了海平面变化对同一礁区沉积物输运的影响，发现海平面上升导致入射波能增加，短波驱动了沉积物的离岸运动，而海流和低频长波则促进了沉积物的向岸输运。Baldock等（2015）基于澳大利亚大堡礁Lizard岛某礁处的水深数据，将SWAN（Delft3D的波浪模块）数值模拟和一个概念性的泥沙输运模型（Baldock et al.，2011）相结合，研究了海平面上升引起的近岸波浪条件变化对向岸泥沙净输移的影响，结果表明，海平面上升对沉积物运动的影响受到了礁坪和潟湖水深的节制；对于浅而窄的珊瑚礁，海平面上升导致的水动力条件促使泥沙向陆地输运，导致礁后潟湖沙滩更稳定甚至是增大；但当礁坪上粗糙度减小时，增加了沉积物往外海方向的输运。Shope等（2017）采用Delft3D的波浪和环流模块研究未来海平面上升和波况变化时夏威夷西北部威克和中途岛环礁岛屿的岸线演变情况，采用由Komar（1971）和Rosati等（2002）提出的CERC经验公式计算沿岸泥沙输运，研究发现，海平面上升将影响岛屿周围的泥沙输运，加剧迎浪面岸线的侵蚀，导致岛屿岸线和形态发生改变，随着入射波高的增加海岸侵蚀和波浪爬高也随之增大。Cuttler等（2018）利用现场波浪、水位和地形观测数据，结合Delft3D-FLOW与SWAN耦合的数值模型模拟研究了热带气旋Olwyn对澳大利亚最大的岸礁Ningaloo礁的影响，尽管礁前斜坡处有效波高达6m，当地风速达140km/h，但海滩平均体积变化量仅为$-3m^3$，这种侵蚀是由潟湖内产生的局部风波的影响，而不是礁坪上不断耗散的入射波浪造成的。

相对于Delft3D模型，XBeach模型是以模拟海岸动力地貌过程为目的开发的求解器，可以模拟波浪运动、岸线演变、沉积物输运等，主要通过求解对流扩散方程结合经验输沙公式实现对泥沙输运的模拟。同时，XBeach由于其代码开源性和易扩展性，其对沉积物输运的研究更具优势，因此被广泛应用于模拟沙质海岸的水沙动力过程，近年来也逐渐被用于模拟珊瑚礁海岸水沙动力过程。例如，Buckley等（2014）采用SWASH、SWAN和XBeach-SB三种模型对Demirbilek等（2007）的物理模型实验分别进行了模拟，对比分析发现XBeach-SB对珊瑚礁坪上低频长波运动的模拟更为精确。Bramante等（2020）利用XBeach-NH对马绍尔群岛夸贾林环礁某区域进行了模拟，研究了气候变化导致的海平面上升和波浪增强对沉积物输运的影响，发现海平面上升导致礁前斜坡处的沉积物输运量减少，礁坪沉积物的向岸输运量增加，而波浪能变化导致的沉积物输运量相对于海平面升高可以忽略不计。Bosserelle等（2021）则基于GPU计算改进后的XBeach模型模拟了澳大利亚西南部扬切普（Yanchep）海滩处冬季风暴对珊瑚礁沉积物输运过程的影响，发现风暴天气增强了近岸水流以及沉积物的沿岸输运量，造成珊瑚礁岸线的侵蚀。

目前，碳酸盐沉积物特有的物理特性、礁坪上波谱存在的双峰特征及大糙率礁面对沉积物运动的遮蔽效应导致上述数值模型在模拟沉积物运动时模型参数的选取还需进一步论证，其中悬移质和推移质输沙率计算公式的建立与验证需要大量的物理模型实验或现场观测数据作为支撑。

7.5 珊瑚砂岛的演变

珊瑚砂岛（图7.2）多发育于环礁礁坪区域，由沉积物堆积而成，其结构松散，大小不一，宽度一般为几百米至十几公里不等，且可能被海洋分割成几个单独的个体，是岛礁区最适合人类居住的海上陆地之一（Kench et al.，2012）。由地质过程和水动力过程相互作用形成，其中地质过程涉及沉积物生成、侵蚀和运移，水动力过程则主要涉及波浪和潮汐作用（周胜男等，2019）。由于珊瑚砂岛海拔低，容易受到风暴潮增强和海平面上升等全球气候变化的影响。预计到21世纪末，全球海平面上升将至少增加0.5～2.0m（DeConto and Pollard，2016）。海平面的上升将破坏珊瑚砂岛的稳定性，使其不再适合人类居住（Mimura，1999；Yamano et al.，2007；Storlazzi et al.，2015，2018），但这种预测基于珊瑚砂岛地形是惰性演变（假设处于静止状态），珊瑚砂岛形态无法在海平面上升的影响下进行自行调整。然而，近年来一些研究表明，珊瑚砂岛的形态（面积、形状和位置）并非一成不变，其沉积物输运和岸线演变在海平面变化、沉积物的供应、风暴引起的极端波浪等因素影响下处于动态演变和自我调整状态（Kench et al.，2014；Ford and Kench，2016；Duvat and Pillet，2017）。因此，未来几十年内某些低海拔珊瑚砂岛将不再适合人类居住的推断可能不成立，迫切需要对珊瑚砂岛的演变及其稳定性进行更加深入的研究。

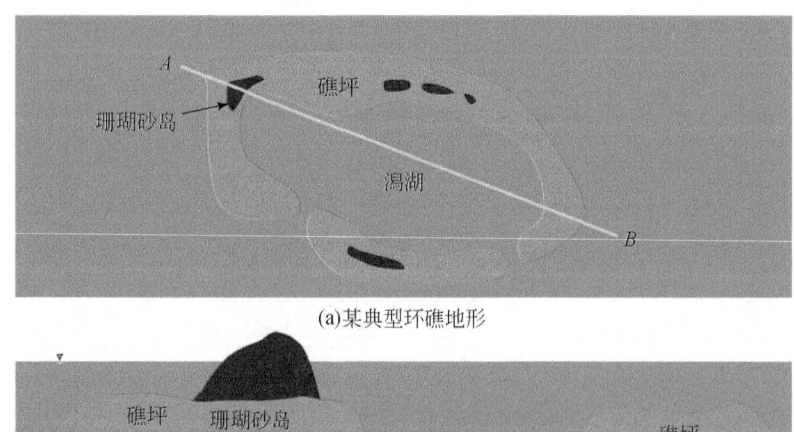

(a)某典型环礁地形

(b)环礁地形上的A-B横断面

图7.2　珊瑚砂岛及其在环礁上所处的位置（Ortiz and Ashton，2019）

珊瑚礁系统中的沉积物是珊瑚砂岛的重要物质来源，沉积物的供给、输移与堆积等过程是珊瑚砂岛动态演变的关键（Ortiz and Ashton，2019）。当前，探究珊瑚砂岛长期动态稳定的影响因素是该领域国内外研究的热点问题，其中珊瑚礁生态系统本身的健康对珊瑚砂岛的动态稳定具有重要作用。珊瑚礁地貌结构中的礁前斜坡和礁坪是珊瑚砂岛的天然屏障和沉积物质的主要来源地（Harney et al.，2000）。但是，受到全球气候变化以及人类活动影响，珊瑚礁生态系统由于珊瑚白化问题出现明显衰退，珊瑚砂岛受到的防护减弱，沉积物质的供应减少，珊瑚砂岛的堆积与侵蚀的动态平衡被破坏（Houser et al.，2014）。例如，Sheppard 等（2005）基于塞舌尔群岛 14 个珊瑚礁的现场观测数据通过采用与波浪能相关的数学模型对沿礁的水动力过程进行了模拟分析，发现这些珊瑚礁岸线遭受的侵蚀均与珊瑚大面积白化死亡从而导致的礁体消浪功能减弱有关。Kayanne 等（2016）通过对琉球群岛南端的 Ballast 岛现场观测研究了珊瑚砂岛在气候变化、台风浪和沉积物供应等影响下地形的演变规律，发现珊瑚白化大量死亡，沉积物增加并被输运至砂岛不断堆积，导致砂岛面积增大；同时，珊瑚砂岛在极端台风浪条件下向波浪的传播方向移动。

全球气候变化造成的海平面升高和风暴增强也是影响珊瑚砂岛形态的重要因素，文献中对于珊瑚砂岛的长期演变问题存在大量的现场观测研究。例如，Vila-Concejo 等（2013）通过遥感图像和现场观测的方法研究了大堡礁南部 One Tree 礁平台的砂裙在数十年尺度和数日尺度的变化过程，发现砂裙在以上时间尺度上发展的不连续性。基于同一岛礁，Talavera 等（2021）利用其 1964 ~ 2019 年地形和波浪的遥感数据和卫星数据进行整合分析发现该岛是一个动态生长的岛屿，并证明了气旋对该砾石岛屿演变的重要性。Kench 等（2015）对图瓦卢富纳富提环礁处 29 个砂岛进行了长达 60 年的数据进行分析，发现随着海平面的上升，砂岛的大小、形状及位置不断做出调整。

另外，宏观上的珊瑚砂岛动态演变均是通过长时间的微观动力过程累积而产生的。因此，采用物理模型实验对珊瑚砂岛演变的微观动力过程进行精细化的测量十分重要。文献中，Tuck 等（2019a，2019b）先后通过二维波浪水槽和三维港池实验模拟了图瓦卢富纳富提环礁的图瓦卢（Tuvalu）岛，探讨了海平面上升和波浪增强对珊瑚砂岛地形演变的影响，发现珊瑚砂岛地形能够对海平面上升做出积极的调整，珊瑚砂岛的向上淤积和沿礁迁移随入射波高和水位的增大而增加，砂岛的整体形态也会随之发生变化，而沉积物的供应对砂岛演变产生了重要影响。Tuck 等（2021）通过物理模型实验详细研究了沉积物供应对珊瑚砂岛演变的影响，进一步验证了珊瑚礁生态系统为珊瑚砂岛演变提供了源源不断的沉积物；沉积物不仅促进了砂岛海拔的增加，同时抑制了珊瑚砂岛的迁移和侵蚀，该发现对于理解珊瑚礁岛的长期演变及其对未来气候变化的适应性具有重要参考价值。

在数值模拟方面，Mandlier 和 Kench（2012）基于传统的波向线跟踪技术建立了一个分析模型来模拟波浪的折射与幅聚现象，研究了波浪参数和礁体形状、深度对砂岛演变的影响，发现当沉积物供应和波浪能量环境一定时，椭圆形和圆形砂岛更可能拥有堆积所需的沉积物，而狭窄的线性砂岛构型更有可能在砂岛背风侧形成砂裙。基于图瓦卢富纳富提环礁的图瓦卢岛，Beetham 等（2017）利用完全非线性 Green-Nagghdi 模型预测了海平面上升对珊瑚砂岛地形的波浪耗散和越浪过程的影响，并考虑了珊瑚礁地形自身的动态调整机制，研究发现，未来海平面的上升与珊瑚礁的生长相结合，不仅会改变海岸线附近的波浪能和越浪强度，而且会通过影响低频长波的运动来改变海岸线波能的频谱组成。Shope 和 Storlazzi（2019）利用 Delft3D 的波浪模块（SWAN）结合由 Komar（1971）和 Rosati 等（2002）提出的 CERC 经验公式计算沿岸泥沙输运，数值模型研究了形态参数（环礁直径、礁坪水深、礁坪深度和砂岛宽度）变化的环礁在海平面上升过程中的侵蚀和淤积过程。结果表明，直径较小、礁坪较深且砂岛较小的小型环礁岛礁表现出更大的侵蚀和淤积，在海平面上升时尤为显著；沿岸泥沙的输运主要受砂岛宽度和礁坪深度的影响，礁坪宽度和环礁直径的影响较小；由于海平面上升，迎风侧砂岛海岸线预测会向潟湖方向淤积，而背风侧砂岛则在潟湖侧侵蚀并向岛屿末端延伸。Masselink 等（2020）首先采用 XBeach-G 模型（其在 XBeach-NH 数值模型基础上做了两点改进，在冲流带考虑了海床渗透以及地下水作用和采用了专门针对砾石的推移质输运方程）模拟了海平面上升对珊瑚砂岛形态演变的影响，通过验证 Tuck 等（2019a）的物理模型实验发现珊瑚砂岛随海平面上升发生垂向增长，揭示了这种调整的驱动机制是增强的波浪越浪把沉积物从砂岛的向海侧搬运到岛顶部，证明了砂岛的这种自然调整功能有助于提高其在未来气候变化影响下的可居住性；随后，Masselink 等（2021）继续利用 XBeach-G 模型研究了珊瑚礁的生长在海平面上升影响下的沙岛演变中所起的作用，发现尽管珊瑚礁生长显著改变了波浪传播和砂岛形态，但并没有导致砂岛海岸洪水风险的减少；这是因为有珊瑚礁生长的砂岛受到的波浪作用虽然较低，但由海平面上升引起的砂岛的垂向增长（与波浪岸滩爬高有关）也较小。

关于珊瑚砂岛的短期演变，Kench 等（2006）基于 2004 年对苏门答腊海啸前后马尔代夫 Maalhosmadulu 环礁南部 13 个无人居住的岛屿进行的调查发现，海啸能够促进沉积物的输运，但对岛屿稳定性没有产生明显的影响。关于风暴的影响，一个典型的例子是 2015 年一个填海成陆工程在台风“茉莉”的作用下被摧毁（肖群萍，2016）。国内关于珊瑚砂岛演变的研究工作存在空白。文献中，仅有周胜男等（2020）基于现场实测的数字高程模型（digital elevation model，DEM）对南海永暑礁、西门礁和安达礁三个珊瑚岛 2009 ~ 2017 年不同时段的 DEM 进行重建，揭示了三个岛礁的地形地貌特征及演变，发现季风浪和台风浪是影响三个岛礁演变的重要因素。

不同类型的珊瑚砂岛因其地貌特征的不同在应对动力环境变化时其稳定性同样表现出明显差异。Hamylton 和 Puotinen（2015）曾对大堡礁有植被沙洲、无植被沙洲和灌木岛 3 种类型的岛屿进行研究，发现在台风频率增加 30% 的情况下，3 种岛屿的响应方式不同，其中无植被沙洲的面积有扩增趋势；若台风频率继续增加至 38%，则以上 3 种岛屿的面积均呈现出缩小的趋势。海洋动力环境因素中的波浪、潮汐、潮流、海流、风暴等除了能够直接与沉积物相互作用影响珊瑚砂岛演变过程，还可以通过对珊瑚礁礁面的冲刷改变珊瑚礁地貌发育进程，影响珊瑚礁的整体稳定性（安振振等，2018），从而对珊瑚砂岛的动态演变产生影响。

综上所述，珊瑚礁本身健康状况、海洋动力因素、珊瑚砂岛沉积特征是影响珊瑚砂岛稳定性的关键因子。近年来关于珊瑚砂岛的演变及其稳定性的研究取得了一些成果，我国在该方面的研究尚处于起步阶段，特别是关于珊瑚砂岛演变的物理模型实验研究未见有文献报道。另外，随着全球气候变化，影响珊瑚砂岛地形演变的水动力因素极其复杂，复杂波流运动与珊瑚砂岛演变的互馈机制仍是亟待解决的难点与热点问题。此外，海平面上升是一个长期的过程，而且关于岛礁演变的长期现场观测数据极为缺乏，使得相关研究结论的可靠性难以得到实证。

7.6 总结与展望

当前全球气候变化导致的海平面升高和海洋极端天气频发，珊瑚礁海域沉积物输运和珊瑚砂岛演变对低海拔珊瑚岛礁上的人类生存产生威胁。随着我国加快对南海岛礁资源的开发，珊瑚礁海岸水沙动力学已经成为学术界和工程界日益关注的前沿和热点问题。本章以综述珊瑚礁海岸水沙动力学的最新研究为目的，首先介绍了珊瑚礁沉积物的特性和分布，随后介绍了沉积物的起动和沉降，接下来重点阐述了珊瑚礁上悬移质和推移质运动的输运过程，最后对珊瑚砂岛地形演变的研究进行了介绍。

针对珊瑚礁海岸沉积物输运及珊瑚砂岛演变的研究现状，本章最后作出以下总结和展望。

1）沉积物的特性和分布：以往研究通过现场观测的方式对全球不同地区珊瑚礁系统进行取样分析，发现碳酸盐沉积物主要来源于珊瑚礁礁体和底栖生物群落；同时，在底栖生物群落分布、珊瑚礁地貌特征等因素影响下粒径分布具有沿向岸方向逐渐减小的趋势。南海珊瑚岛礁相关文献资料匮乏，有必要对南海岛礁附近沉积物的特性和分布展开更为系统的研究。

2）沉积物的起动和沉降：关于碳酸盐沉积物的起动，相关研究多以普通石英砂起动研究成果为基础，考虑了碳酸盐沉积物物理特性的差异和波浪作用的影响，从而得到碳酸盐沉积物起动公式。但由于文献中此类研究相对较少，缺乏大量基础数据验证，该方向的研究尚待深入；关于碳酸盐沉积物的沉降，现有研究明确了碳酸盐沉积物沉降速度的影响因素，并且给出了相对成熟的沉速估算公式，今后可采用新兴的测量技术和数据分析方法来进一步改进相关公式的预测精度。

3）沉积物的输运：关于珊瑚礁沉积物输运的研究主要是以悬移质和推移质为对象开展。大量学者通过现场观测分析了珊瑚礁系统中沉积物的输运过程并发现波浪、潮位、海流和礁面粗糙度是影响沉积物输运的主要因素；部分研究则通过物理模型实验和数值模型分析了短波、低频长波、海流、海平面变化以及礁面粗糙度对悬移质和推移质输沙强度和方向的影响。相较于成熟的石英砂研究，未来如何形成一套适用于珊瑚砂的沉积动力学公式是准确模拟珊瑚砂输运过程的关键问题。近年来我国在南海珊瑚岛礁开展了相关防浪工程设施建设，研究工程设施存在时周围沉积物输运的动力响应过程亦是未来研究工作的重点。

4）珊瑚砂岛的演变：以往的学者们通过现场观测和物理模型实验的方式对珊瑚砂岛在不同因素（珊瑚礁本身健康状况、海洋动力因素、珊瑚砂岛沉积特征等）作用下的演变规律进行了研究，并通过数值模拟对珊瑚砂岛地形长期和短期的演变进行了预测。研究普遍发现，珊瑚砂岛随着海平面上升在垂直方向发生增长和在沿礁方向发生迁移，其长期演变是一个动态和积极的过程，在考虑波浪增强、沉积物供给等因素时的演变趋势会更为复杂。南海拥有大量珊瑚砂岛，因此，急需加强对南海珊瑚砂岛在全球气候变化和远海极端天气影响下长期和短期的演变规律开展研究。

参考文献

安振振，李广雪，马妍妍，等．2018．珊瑚礁地质稳定性研究现状．海洋科学，42（3）：113-120.

孙宗勋．2000．南沙群岛珊瑚砂工程性质研究．热带海洋学报，19（2）：1-8.

王艳红，陆培东，曾成杰．2013．西沙群岛珊瑚砂运动特性试验研究．第十六届中国海洋（岸）工程学术讨论会（下册），87-91.

肖群萍．2016-02-01．越南非法在中国南华礁填海造陆，工地被海浪冲走．凤凰资讯网．

荀涛，胡鹏，梅弢，等．2009．西沙群岛珊瑚砂运动特性试验研究．水道港口，30（4）：277-281.

赵美霞，姜大朋，张乔民．2017．珊瑚岛的动态演变及其稳定性研究综述．热带地理，37（5）：694-700.

周乐序，赵利平．2015．波浪作用下珊瑚砂起动特性研究．中国水运（下半月），15（3）：170-175.

周胜男，施祺，郭华雨，等．2020．2009—2017年南沙群岛珊瑚礁砾洲演变．热带地理，40（4）：694-708.

周胜男，施祺，周桂盈，等．2019．南沙群岛珊瑚礁砾洲地貌特征．海洋科学，43（6）：48-59.

邹俊飞，赵利平．2016．波浪作用下珊瑚砂的起动研究．吉林水利，（6）：22-25.

Bagnold R A. 1966. An Approach to the Sediment Transport Problem from General Physics. Washington：US Government Printing Office：37.

Baldock T E，Alsina J A，Caceres I，et al. 2011. Largescale experiments on beach profile evolution and surf and swash zone sediment transport induced by long waves，wave groups and random waves. Coastal Engineering，58：214-227.

Baldock T E，Golshani A，Atkinson A，et al. 2015. Impact of sea-level rise on cross-shore sediment transport on fetch-limited barrier reef island beaches under modal and cyclonic conditions. Marine Pollution Bulletin，97（1-2）：188-198.

Beetham E，Kench P S，Popinet S. 2017. Future reef growth can mitigate physical impacts of sea-level rise on atoll islands. Earth's Future，5（10）：1002-1014.

Bosserelle C，Gallop S L，Haigh I D，et al. 2021. The influence of reef topography on storm-driven sand flux. Journal of Marine Science and Engineering，9：272.

Bothner M H，Reynolds R L，Casso M A，et al. 2006. Quantity，composition，and source of sediment collected in sediment traps along the fringing coral reef off Molokai，Hawaii. Marine Pollution Bulletin，52（9）：1034-1047.

Bramante J F，Ashton A D，Storlazzi C D，et al. 2020. Sea level rise will drive divergent sediment transport patterns on fore reefs and reef flats，potentially causing erosion on Atoll islands. Journal of Geophysical Research：Earth Surface，125：e2019JF005446.

Buckley M，Lowe R，Hansen J. 2014. Evaluation of nearshore wave models in steep reef environments. Ocean

Dynamics, 64 (6): 847-862.

Carter R M, Larcombe P, Dye J E, et al. 2009. Long-shelf sediment transport and storm-bed formation by Cyclone Winifred, central Great Barrier Reef, Australia. Marine Geology, 267 (3-4): 101-113.

Chang T S, Bartholomä A, Flemming B W. 2006. Seasonal dynamics of fine-grained sediments in a back-barrier tidal basin of the German Wadden Sea (Southern North Sea) . Journal of Coastal Research, 22 (2): 328-338.

Cuttler M, Lowe R, Hansen J, et al. 2015. Grainsize, composition and bedform patterns in a fringing reef system. The Proceedings of the Coastal Sediments, DOI: 10. 1142.

Cuttler M, Hansen J, Lowe R, et al. 2018. Response of a fringing reef coastline to the direct impact of a tropical cyclone. Limnology and Oceanography Letters, 3 (2): 31-38.

Cuttler M, Hansen J, Lowe R, et al. 2019. Source and supply of sediment to a shoreline salient in a fringing reef environment. Earth Surface Processes and Landforms, 44 (2): 552-564.

Dawson J L, Smithers S G. 2014. Carbonate sediment production, transport, and supply to a coral cay at Raine Reef, Northern Great Barrier Reef, Australia: a facies approach. Journal of Sedimentary Research, 84 (11): 1120-1138.

de Kruijf M, Slootman A, de Boer R A. 2021. On the settling of marine carbonate grains: review and challenges. Earth-Science Reviews, 217: 103532.

DeConto R M, Pollard D. 2016. Contribution of Antarctica to past and future sea-level rise. Nature, 531 (7596): 591-597.

Demirbilek Z, Nwogu O G, Ward D L. 2007. Laboratory study of wind effect on runup over fringing reefs, Report 1, Data report. Technical Report ERDC/CHL-TR-07-4, Coastal and Hydraulics Laboratory, Vicksburg, Miss.

Duvat V K E, Pillet V. 2017. Shoreline changes in reef islands of the central Pacific: Takapoto Atoll, northern Tuamotu, French Polynesia. Geomorphology, 282: 96-118.

Flemming B W. 2007. The influence of grain-size analysis methods and sediment mixing on curve shapes and textural parameters: implications for sediment trend analysis. Sedimentary Geology, 202 (3): 425-435.

Ford M R, Kench P S. 2012. The durability of bioclastic sediments and implications for coral reef deposit formation. Sedimentology, 59 (3): 830-842.

Ford M R, Kench P S. 2016. Spatiotemporal variability of typhoon impacts and relaxation intervals on Jaluit Atoll, Marshall Islands. Geology, 44 (2): 159-162.

Francis J. 1973. Experiments on the motion of solitary grains along the bed of a water-stream. Proceedings of the Royal Society of London, 332: 443-471.

Ginsburg R N. 2005. Disobedient sediments can feedback on their transportation, deposition and geomorphology. Sedimentary Geology, 175 (1-4): 9-18.

Gischler E. 2006. Sedimentation on Rasdhoo and Ari Atolls, Maldives, Indian Ocean. Facies, 52 (3): 341-360.

GradyA E, Moore L J, Storlazzi C D. 2013. The influence of sea level rise and changes in fringing reef morphology on gradients in alongshore sediment transport. Geophysical Research Letters, 40 (12): 3096-3101.

Hamylton S M, Puotinen M. 2015. A meta-analysis of reef island response to environmental change on the Great Barrier Reef. Earth Surface Processes and Landforms, 40 (8): 1006-1016.

Hamylton S M, Carvalho R C, Duce S, et al. 2016. Linking pattern to process in reef sediment dynamics at Lady Musgrave Island, southern Great Barrier Reef. Sedimentology, 63 (6): 1634-1650.

Harney J N, Grossman E E, Richmond B M, et al. 2000. Age and composition of carbonate shoreface sediments, Kailua Bay, Oahu, Hawaii. Coral reefs, 19 (2): 141-154.

Harris D L, Vilaconcejo A, Webster J M, et al. 2015. Spatial variations in wave transformation and sediment entrainment on a coral reef sand apron. Marine Geology, 363: 220-229.

Hearn C J. 2011. Perspectives in coral reef hydrodynamics. Coral Reefs, 30 (1): 1-9.

Houser C, D'ambrosio T, Bouchard C, et al. 2014. Erosion and reorientation of the Sapodilla Cays, Mesoamerican Reef Belize from 1960 to 2012. Physical Geography, 35 (4): 335-354.

Kayanne H, Aoki K, Suzuki T. 2016. Eco-geomorphic processes that maintain a small coral reef island: Ballast Island in the Ryukyu Islands, Japan. Geomorphology, 271: 84-93.

Kelham A. 2011. Investigation into the Post-Mortem Transport of Benthic Foraminifera. Hull: University of Hull.

Kench P S, McLean R F, Brander R W. 2006. Geological effects of tsunami on mid-ocean atoll islands: the Maldives before and after the Sumatran tsunami. Geology, 34 (3): 177-180.

Kench P S, Smithers S G, McLean R F. 2012. Rapid reef island formation and stability over an emerging reef flat: Bewick Cay, northern Great Barrier Reef, Australia. Geology, 40 (4): 347-350.

Kench P S, Chan J, Owen S D, et al. 2014. The geomorphology, development and temporal dynamics of Tepuka Island, Funafuti Atoll, Tuvalu. Geomorphology, 222: 46-58.

Kench P S, Thompson D, Ford M R, et al. 2015. Coral islands defy sea-level rise over the past century: records from a central Pacific atoll. Geology, 43 (6): 515-518.

Komar P D. 1971. The mechanics of sand transport on beaches. Journal of Geophysical Research, 76 (3): 713-721.

Li Y, Yu Q, Gao S, et al. 2020. Settling velocity and drag coefficient of platy shell fragments. Sedimentology, 67 (4): 2095-2110.

Lowe R J, Falter J L. 2015. Oceanic Forcing of Coral Reefs. Annual Review of Marine Science, 7: 43-66.

Madsen O S, Grant W D. 1976. Sediment Transport in the Coastal Environment. MIT, Department of Civil Engineering.

Mandlier P G, Kench P S. 2012. Analytical modelling of wave refraction and convergence on coral reef platforms: Implications for island formation and stability. Geomorphology, 159: 84-92.

Masselink G, Beetham E, Kench P. 2020. Coral reef islands can accrete vertically in response to sea level rise. Science Advances, 6: eaay3656.

Masselink G, McCall R, Beetham E, et al. 2021. Role of future reef growth on morphological response of coral reef islands to sea-level rise. Journal of Geophysical Research: Earth Surface, 126: e2020JF005749.

Mimura N. 1999. Vulnerability of island countries in the South Pacific to sea level rise and climate change. Climate Research, 12 (2-3): 137-143.

Morgan K M, Kench P S. 2014. A detrital sediment budget of a Maldivian reef platform. Geomorphology, 222: 122-131.

Nielsen P, Callaghan D P. 2003. Shear stress and sediment transport calculations for sheet flow under waves. Coastal Engineering, 47: 347-354.

Nielsen P. 1992. Coastal Bottom Boundary Layers and Sediment Transport. World Scientific, Singapore World Scientific.

Ogston A S, Field M E. 2010. Predictions of turbidity due to enhanced sediment resuspension resulting from sea-level rise on a fringing coral reef: evidence from Molokai, Hawaii. Journal of Coastal Research, 26 (6): 1027-1037.

OgstonA S, Storlazzi C D, Field M E, et al. 2004. Sediment resuspension and transport patterns on a fringing reef flat, Molokai, Hawaii. Coral Reefs, 23 (4): 559-569.

Ortiz A C, Ashton A D. 2019. Exploring carbonate reef flat hydrodynamics and potential formation and growth mechanisms for motu. Marine Geology, 412: 173-186.

Ouillon S, Douillet P, Lefebvre J P, et al. 2010. Circulation and suspended sediment transport in a coral reef lagoon: the south-west lagoon of New Caledonia. Marine Pollution Bulletin, 61 (7-12): 269-296.

Pomeroy A W, Lowe R J, Ghisalberti M, et al. 2015a. Mechanics of sediment suspension and transport within a fringing reef. Coastal Sediments Conference, 1-14.

Pomeroy A W M, Lowe R J, van Dongeren A R, et al. 2015b. Spectral wave-driven sediment transport across a fringing reef. Coastal Engineering, 98: 78-94.

Pomeroy A W M, Lowe R J, Ghisalberti M, et al. 2017. Sediment transport in the presence of large reef bottom roughness. Journal of Geophysical Research: Oceans, 122 (2): 1347-1368.

Pomeroy A W M, Lowe R J, Ghisalberti M, et al. 2018. Spatial variability of sediment transport processes over intratidal and subtidal timescales within a fringing coral reef system. Journal of Geophysical Research: Earth Surface, 123 (5): 1013-1034.

Pomeroy A W M, Lowe R J, Ghisalberti M, et al. 2021. The contribution of currents, sea-swell waves, and infragravity waves to suspended-sediment transport across a coral reef-lagoon system. Journal of Geophysical Research: Oceans, 126: e2020JC017010.

Presto M K, Ogston A S, Storlazzi C D, et al. 2006. Temporal and spatial variability in the flow and dispersal of suspended sediment on a fringing reef flat, Molokai, Hawaii. Estuarine, Coastal and Shelf Science, 67 (1-2): 67-81.

Rankey E C, Reedel S L. 2010. Controls on platform-scale patterns of surface sediments, shallow Holocene platforms, Bahamas. Sedimentology, 57 (6): 1545-1565.

Riazi A, Vila-Concejo A, Salles T, et al. 2020. Improved drag coefficient and settling velocity for carbonate sands. Scientific Reports, 10 (1): 1-9.

Rosati J D, Walton T L, Bodge K. 2002. Longshore sediment transport//Walton T, King D. Coastal engineering manual, part III, coastal sediment processes chapter III-2, engineer manual 1110-2-1100. Washington DC: U. S. Army Corps of Engineers.

Rosenberger K J, Storlazzi C D, Cheriton O M, et al. 2020. Spectral wave-driven bedload transport across a coral reef flat/lagoon complex. Frontiers in Marine Science, 7: 513020.

Sheppard C, Dixon D J, Gourlay M. 2005. Coral mortality increases wave energy reaching shores protected by reef flats: examples from the Seychelles. Estuarine, Coastal and Shelf Science, 64 (2-3): 223-234.

Shields A. 1936. Application of similarity principles and turbulence research to bedload movement (English translation of the original German manuscript). Pasadena, California: Soil Conservation Service Cooperative Laboratory, California Institute of Technology.

Shope J B, Storlazzi C D. 2019. Assessing morphologic controls on atoll island alongshore sediment transport gradients due to future sea-level rise. Frontiers in Marine Science, 6: 245.

Shope J B, Storlazzi C D, Hoeke R K. 2017. Projected atoll shoreline and run-up changes in response to sea-level rise and varying large wave conditions at Wake and Midway Atolls, Northwestern Hawaiian Islands. Geomorphology, 295: 537-550.

Smith D A, Cheung K F. 2004. Initiation of motion of calcareous sand. Journal of Hydraulic Engineering, 130 (5): 467-472.

Storlazzi C D, Ogston A S, Bothner M H. 2004. Wave-and tidally-driven flow and sediment flux across a fringing coral reef: Southern Molokai, Hawaii. Continental Shelf Research, 24 (12): 1397-1419.

Storlazzi C D, Elias E, Field M E. 2011. Numerical modeling of the impact of sea-level rise on fringing coral reef hydrodynamics and sediment transport. Coral Reefs, 30 (1): 83-96.

Storlazzi C D, Elias E P L, Berkowitz P. 2015. Many atolls may be uninhabitable within decades due to climate change. Scientific Reports, 5 (1): 1-9.

Storlazzi C D, Gingerich S B, van Dongeren A P, et al. 2018. Most atolls will be uninhabitable by the mid-21st century because of sea-level rise exacerbating wave-driven flooding. Science Advances, 4 (4): eaap9741.

Takesue R K, Sherman C, Ramirez N I, et al. 2021. Land-based sediment sources and transport to southwest Puerto Rico coral reefs after Hurricane Maria, May 2017 to June 2018. Estuarine, Coastal and Shelf Science, 259: 107476.

Talavera L, Vila-Concejo A, Webster J M, et al. 2021. Morphodynamic controls for growth and evolution of a rubble coral island. Remote Sensing, 13 (8): 1582.

Tuck M E, Kench P S, Ford M R, et al. 2019a. Physical modelling of the response of reef islands to sea-level rise. Geology, 47 (9): 803-806.

Tuck M E, Ford M R, Masselink G. 2019b. Physical modelling of reef island topographic response to rising sea levels. Geomorphology, 345: 106833.

Tuck M E, Ford M R, Kench P S, et al. 2021. Sediment supply dampens the erosive effects of sea-level rise on reef islands. Scientific Reports, 11 (1): 1-10.

Vila-Concejo A, Harris D L, Shannon A M, et al. 2013. Coral reef sediment dynamics: evidence of sand-apron evolution on a daily and decadal scale. Journal of Coastal Research, 65 (10065): 606-611.

Yamano H, Kayanne H, Yamaguchi T, et al. 2007. Atoll island vulnerability to flooding and inundation revealed by historical reconstructions: Fongafale Islet, Funafuti Atoll, Tuvalu. Global and Planetary Change, 57 (3-4): 407-416.

Yordanova E K, Hohenegger J. 2007. Studies on settling, traction and entrainment of larger benthic foraminiferal tests: implications for accumulation in shallow marine sediments. Sedimentology, 54 (6): 1273-1306.

Zhao Z, Mitchell N C, Quartau R, et al. 2022. Wave-influenced deposition of carbonate-rich sediment on the insular shelf of Santa Maria Island, Azores. Sedimentology, 69 (4): 1547-1572.

第 8 章　珊瑚礁冠层水沙动力学

8.1 研究背景

珊瑚礁冠层是由碳酸钙组成的珊瑚虫骨骼历经数百年至数千年的生长及堆积形成的珊瑚骨架结构，表现为大粗糙度的典型物理特征［图 8.1（a）和图 8.1（b）］。水体流经骨架结构分支形成的流态通常被称为“冠层流”（canopy flow）（Lowe et al., 2008；Lowe and Falter, 2015）。珊瑚礁冠层附近的流体流态与陆地冠层（如森林冠层、城市建筑冠层等）及其他水生冠层（海草、红树林等）附近的流态相似（Finnigan, 2000），但由于珊瑚礁冠层内部结构极其不均匀且会受到波浪、潮汐等海洋动力因素的作用（Asher and Shavit, 2019），珊瑚礁冠层流有其特有的水动力特性。

(a) 南海某地的珊瑚礁冠层

(b) 南太平洋岛国瓦努阿图某地的珊瑚礁冠层

图 8.1　南海某地的珊瑚礁冠层和南太平洋岛国瓦努阿图某地的珊瑚礁冠层

研究珊瑚礁冠层尺度下水动力学特性具有重要的学术价值和实际意义。冠层尺度湍流运动决定了幼虫、营养物、热量、污染物、病原体等的垂向输运（Falter et al., 2007），直接影响到底栖生物诸如光合作用（Lesser et al., 1994）、呼吸作用（Sebens et al., 2003）、固氮作用（Williams and Carpenter, 1998）等重要的生理活动，因此研究冠层尺度下的水动力学问题对维护珊瑚礁生态系统的健康和开展珊瑚礁生态修复工程均有指导意义；其次，礁面的大粗糙度不仅通过礁面摩擦耗散波浪能量，而且会对波浪驱动的水流施加阻力，进而导致入射波高的衰减（Lowe et al., 2005a；Rosman and Hench, 2011），冠层几何结构复杂性的增加会增大摩擦带来的能量损耗（Monismith et al., 2015），因此深入研究珊瑚礁冠层的水动力特性能够为台风浪等极端波浪影响下的珊瑚礁海岸防灾减灾提供科学依据；最后，大糙率的珊瑚骨架亦改变了近底床附近的流速分布和剪切应力，对内礁坪以及礁后岸滩珊瑚砂的运动产生遮蔽效应（Pomeroy 等，2015），冠层内水动力作用直接影响到冠层内泥沙输运过程及珊瑚砂岛的冲淤过程，因此，进一步研究珊瑚礁冠层内水沙动力过程对于预测珊瑚砂输运和珊瑚礁海岸岸线演变均具有重要的参考价值。

8.2 珊瑚礁冠层内外的流动特性

8.2.1 平均流特性

(1) 单向流作用

珊瑚冠层附近的流动通常以冠层顶部作为分界线区分冠层内部和冠层上方两块区域。当单向流作用时，在冠层粗糙边壁附近形成的湍流边界层一般可划分为惯性子层（inertial sublayer）和粗糙子层（roughness sublayer）。惯性子层也称为对数层，发展于粗糙子层之上。在惯性子层范围内，高雷诺数时水平平均流速（$\bar{u}$）的垂向分布不再受到粗糙单元的影响，符合“壁面函数”（Raupach et al.，1991）：

$$\bar{u} = \frac{u_{*c}}{\kappa}\log\left(\frac{z-d}{z_0}\right) \tag{8.1}$$

式中，z 为床面以上的高度；κ 为冯·卡曼常数，一般取 0.4；d 为平均流速的理论零点相对于床面的垂向偏移量，d 值与动量穿透进粗糙度单元的厚度有关；z_0 为水力粗糙度；u_{*c} 被称为剪切流速（shear velocity）或摩阻流速（friction velocity），其中下标 c 表示单向流条件。通常可采用式（8.1）根据实测数据进行拟合可得到 u_{*c}、d 和 z_0。

粗糙子层范围内 $\bar{u}$ 的垂向分布会受到粗糙单元形阻的显著影响。Nepf 等（2007）提出了一个冠层理论模型，预测了在一定的冠层密度和冠层高度范围内，水体与冠层之间垂向输运的时间尺度；模型将粗糙单元建模为简单的几何体（如立方体、圆柱体），并将粗糙单元描述为冠层高度 h_c、阻水面积 a 和阻力系数 C_D 的函数，即粗糙单元函数 $C_D a h_c$。当床面粗糙度较小时（$C_D a h_c$ 量级小于 10^{-2}），如同在一个平坦的砂床上，水的动量可穿透至粗糙单元底部附近（$d \approx 0$），此时 $u_{*c} \approx u_{*c,\ \mathrm{bed}}$，其中 $u_{*c,\ \mathrm{bed}}$ 为床面剪切速度［图 8.2（a）］。但当床面粗糙度较大时（即 $C_D a h_c$ 量级大于 10^{-2}），粗糙单元的形状阻力使得水平平均流速出现衰减（Finnigan，2000；Nepf，2012），导致 $\bar{u}$ 的垂向分布在糙率单元顶部出现拐点（此处出现最大的湍流剪切应力），u_{*c} 不再等同于 $u_{*c,\ \mathrm{bed}}$，而是等同于糙率单元顶部的湍流剪切速度 $u_{*c,\ \mathrm{rough}}$，即 $u_{*c} \approx u_{*c,\ \mathrm{rough}}$［图 8.2（b）］，此时冠层内水流的减小显著降低了 $u_{*c,\ \mathrm{bed}}$。随着冠层高度 h_c 和总水深 h 的比值变化，冠层内水流的驱动力有所不同，当冠层高占总水深的小部分时，冠层附近的流动相对自由，由于冠层顶部形状阻力的不连续性，在冠层顶部形成一个强剪切层，剪切层将动量从上层水中传递到冠层内驱动内部水流运动；当冠层高占总水深大部分时，冠层附近流动受水深限制，冠层内部流动由背景流造成的压力梯度以及由剪切层转移至冠层内的动量同时驱动（Nepf and Vivoni，2000）。当冠层高度与水深相当时（$h_c \approx h$），冠层附近的流动称为非淹没流，冠层顶部不存在剪切层，冠层流完全由背景流造成的外部压力梯度驱动（Nepf，2012）。

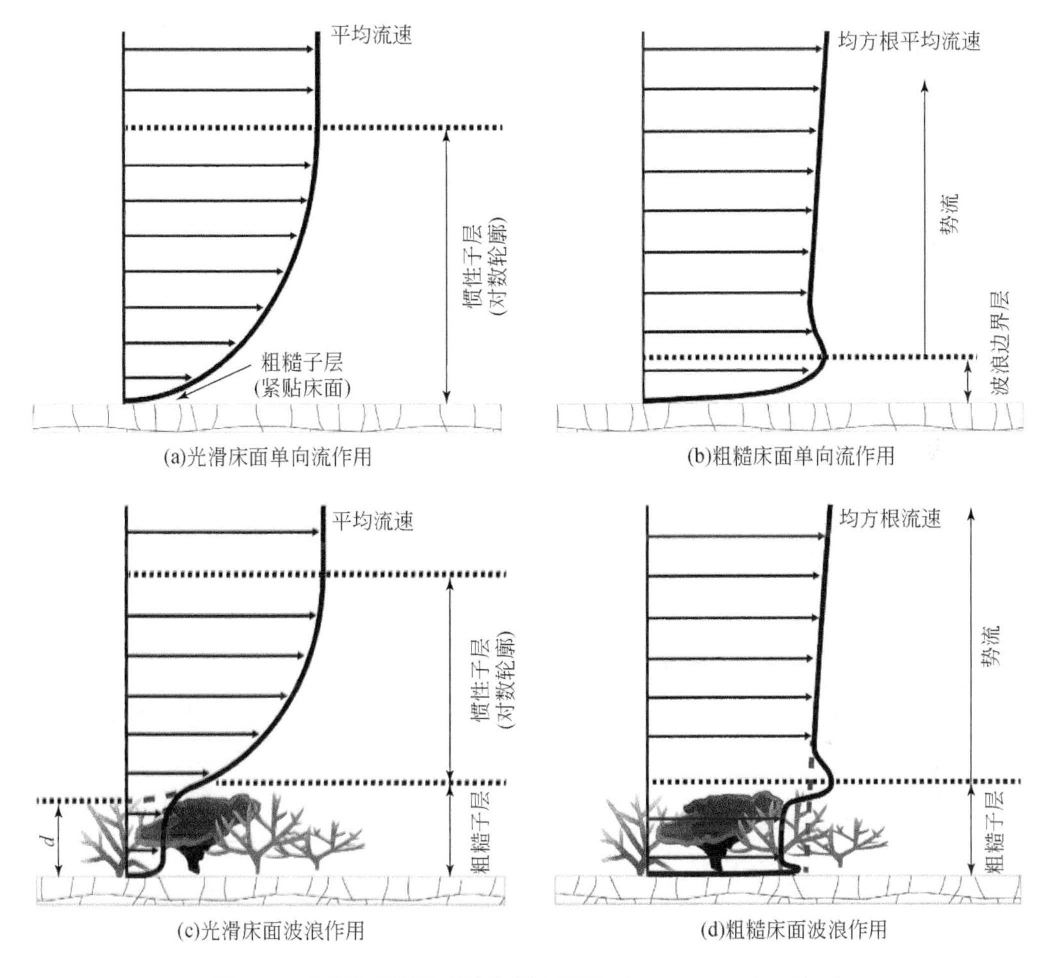

图 8.2　底床边界层流动结构概念模型（Pomeroy et al.，2017）

（2）波浪作用

在波浪作用时，海床附近形成一定厚度（δ_w）的波浪边界层（WBL）。由于波浪的振荡特性，水体流经冠层结构产生的湍流在 WBL 内只能在垂向经历有限的发展。相关学者已提出了 WBL 内涡黏系数的多种分布形式，其中使用较多且形式较简单是由 Grant 和 Madsen（1979）提出的。基于该理论，当床面粗糙度较小时，δ_w 由波浪产生的最大剪切速度 u_{*w}（其中下标 w 表示波浪条件）和波浪角频率 ω 决定。与等强度的单向流条件相比较而言，较薄的 WBL 可产生更大的床面剪切速度［图 8.2（c）］。现有的关于波浪作用的研究已经深入分析了大粗糙度如何改变冠层内与波浪相位相关的流场结构。珊瑚礁冠层（Lowe et al.，2005b，2008）和海草冠层（Luhar et al.，2010）的实验室研究以及海草冠层的现场观测研究（Infantes et al., 2012）均表明，冠层内波浪均方根速度的衰减程度总是小于同等强度的单向流条件下的衰减程度，这是由于波浪造成的压力梯度受到了糙率单元拖曳力和惯性力的共同抵制。与此同时，与波浪相位相关的剪切应力在糙率单元顶部达到最大值，在冠层内部逐步衰减为零，但在接近床面的区域又逐渐增大。因此，对于大糙率的情况，$\bar{u}$ 的垂向分布会形成两个 WBL，其中较厚的 WBL 位于冠层顶部附近，较薄的 WBL 位于床面附近［图 8.2（d）］。

波浪作用下，描述冠层内水流运动动量方程与单向流作用下动量方程基本相似，但两者仍然存在关键区别：①波浪作用可产生额外的振荡压力梯度；②波浪振荡运动造成的加速度可产生额外的惯性力。Lowe 等（2005a, 2008）先后提出一种描述波浪作用下冠层内水流运动的动量方程：

$$\frac{\mathrm{d}U}{\mathrm{d}t}=-\frac{1}{\rho}\frac{\mathrm{d}p}{\mathrm{d}x}+\frac{C_f}{2b_c}|u_\infty|u_\infty-\beta|\hat{u}|\hat{u}-\frac{C_M(1-\phi)}{\phi}\frac{\mathrm{d}\hat{u}}{\mathrm{d}t} \tag{8.2}$$

式中，x 为顺水流方向；$\hat{u}$ 为冠层内的空间平均流速；ρ 为水体密度；p 为压强；C_f 为摩擦系数，它将冠层顶部剪切应力的大小与冠层上方自由流速 u_∞ 联系起来；β 为一个基于多孔介质模型的阻力系数，其值依赖于冠层结构内部形状；C_M 为与水流加速度有关的惯性力系数。上述公式描述了冠层内水流的加速度（左边第 1 项）与作为驱动力的压力梯度（右边第 1 项）和剪切应力（右边第 2 项），以及与作为阻力的形状阻力（右边第 3 项）和惯性力（右边第 4 项）之间的平衡。对于冠层上方的自由流，假设波浪驱动的流是无黏的，波浪驱动的压力梯度仅与自由振荡流的加速度有关。简单量纲分析表明，这个压力梯度项对剪切应力项的重要性随着波浪运动水平位移幅值与冠层高度的比值的增加而增加，因此与等强度的单向流相比，波浪作用造成的振荡压力梯度显著增强了冠层内的流动强度，这些结论通过文献中报道的一些物理模型实验研究［例如，Lowe 等（2005a）采用理想的圆柱体阵列模拟的冠层、Reidenbach 等（2007）采用实际枝状珊瑚群落模拟的冠层和 Lowe 等（2008）同时采用了上述两种方法模拟了冠层］得到证实。最近，van Rooijen 等（2020）采用波浪水槽实验和数值模拟相结合的方法研究了冠层淹没时波生流的垂向分布，利用测量的水流和冠层阻力推导了阻力和惯性力系数，并验证了非静压 SWASH 模型；随后利用数值模拟的结果对水平动量方程进行了逐项分析，结果表明，冠层内波生流是由波浪雷诺应力和湍流雷诺应力的垂向梯度共同驱动，并与冠层阻力相平衡；但波浪雷诺应力梯度是冠层流的主要驱动力，并与波浪运动在冠层顶部产生的涡量大小直接相关。

（3）波流共同作用

在波流共同作用的条件下，波浪和海流的非线性叠加改变了床面附近的湍流结构和增强了床面剪切应力。Wiberg（1995）对多种波流相互作用理论模型进行了综述，发现这些模型大多描述了床粗糙度相对较小的底床上的湍流结构，即粗糙度高度相对于波流边界层厚度更小。在此类波流共同作用条件下，平均流速垂向分布存在一个薄波浪边界层，其厚度由最大剪切速度 $u_{*\max}$ 控制。在波浪边界层上方，平均流剖面同样符合式（8.1）描述的对数分布，但其中 u_{*c} 由波浪作用下增强的平均速度 u_{*m} 所替代，z_0 由表观粗糙度尺度 z_{0a}

所替代，即波浪作用下相较于纯单向流作用下增强的粗糙度。

目前，文献中尚未有成熟的水动学理论可以描述波流共同作用下珊瑚礁冠层内水流运动特性。Lowe 等（2005b，2008）进行的波流共同作用的实验室研究表明，在波流共存的条件下，粗糙单元的形阻对流动中水流分量的减弱程度大于对波浪分量的减弱程度，也就是说冠层内水流运动受波浪运动影响更大，类似的结论也适用于冠层上方附近以及离冠层更远的水体。在冠层以上足够的高度，流动结构类似于经典的粗糙壁面波流边界层，具有由 u_{*m} 和 z_{0a} 决定的对数分布特征。最近，Pomeroy 等（2017）在西澳大利亚 Ningaloo 礁北岸波流共存的区域开展了为期 3 周的现场观测，数据分析同样表明，在珊瑚礁的冠层上方形成了一个清晰水流对数分布层，但该层没有延伸到冠层中；相反，冠层内速度剖面发生弯曲，在靠近底床（冠层下部）区域的流速相对减少。因此，上方水流为了克服冠层阻力施加在冠层上剪应力并不代表底床实际受到的剪应力。

8.2.2 湍流特性

（1）湍动能分布

珊瑚礁海域的水流存在不同尺度的运动，在大尺度上是潮汐，在中尺度上是海流和波浪，在小的尺度上则是湍流（Davis et al.，2020）。湍动能（TKE）一般被用来表征湍动强度，其计算式如下：

$$\mathrm{TKE} = 1/2(\overline{u'u'} + \overline{v'v'} + \overline{w'w'}) \tag{8.3}$$

式中，u' 和 v' 为水平方向两个维度的脉动速度；w' 为垂直方向的脉动速度，它们均由该方向的瞬时速度分量减去相应方向的平均速度计算，上划线表示取时间平均。Reidenbach 等（2006）在红海亚喀巴（Aqaba）湾某处的珊瑚岸礁开展了为期 17 天的实地观测，研究了存在珊瑚冠层的粗糙床面对边界层湍流运动的影响，发现在冠层上方 TKE 随着距离床底高度的增加而减小，冠层上方湍流能谱遵循的 $k^{-\frac{5}{3}}$ 次幂定律（k 为波数）。Asher 和 Shavit（2019）采用真实珊瑚骨架结构模拟冠层开展了物理模型实验，研究了水深和冠层内部几何形状对珊瑚礁冠层附近湍流运动的影响，发现在完全淹没的情况下，冠层内部水流湍动能谱遵循 $k^{-\frac{7}{3}}$ 次幂定律。

（2）湍动能的平衡分析

为了深入认识珊瑚礁冠层内外湍流的产生、耗散和输运机制，通常还会对 TKE 进行平衡分析，TKE 的平衡分析主要涉及 TKE 的产生率 P、耗散率 ε 以及湍流输送率，其平衡方程如下（Reidenbach et al.，2007）：

$$\begin{aligned} & U\frac{\partial(0.5q'^2)}{\partial x} + W\frac{\partial(0.5q'^2)}{\partial z} \\ & = -\overline{u'w'}\frac{\partial U}{\partial z} - \frac{\partial(\overline{0.5q'^2w'})}{\partial z} - \frac{1}{\rho}\frac{\partial(\overline{w'p'})}{\partial z} - \varepsilon \end{aligned} \tag{8.4}$$

式中，U 和 W 分别为时均水平速度和时均垂向速度。在一个完全发育的剪切层中，式（8.4）左边的对流项均为0，右边项中不可忽略的项为产生率 P（右边第一项）和耗散率 ε。当TKE产生率 P 与耗散率 ε 趋于平衡时，式（8.4）右边其他项均可忽略。在非平衡条件下，TKE会出现输运，其通过湍流输运［由式（8.4）右边第二项控制］或者压力驱动输运［由式（8.4）右边第三项控制］。

前述文献Reidenbach等（2006）通过现场观测同样研究了该岸礁边界层TKE的平衡问题，结果表明，对于底部大粗糙度环境而言，随着向岸方向平均流强度的增加，湍流生产和耗散也增加，但存在局部TKE产生和耗散平衡，TKE的非局部垂直输运可以忽略不计。当流量较大时，存在一个明显的惯性子层时，TKE的产生和耗散均沿底边界向水面方向衰减，在珊瑚冠层1m范围内TKE的输运较局部生产率低 10^2 ~ 10^4 倍。随后，Reidenbach等（2007）采用物理模型实验研究了波浪作用对冠层水流湍动的影响，在波流水槽中采用特定的珊瑚种（扁缩滨珊瑚）骨架结构仿制成的模型模拟真实冠层结构；测量分析发现，在冠层以上，TKE的产生和耗散处于平衡状态，输运量最小；而在冠层顶部形成的剪切层区域湍流混合非常活跃，TKE的产生速率极大，与耗散不相等。在冠层内部，TKE平衡方程中的所有项均很小，即TKE的产生、输运和耗散均很小。Huang等（2012）在澳大利亚Lady Elliot岛的迎风面珊瑚礁-潟湖系统进行了为期三周的现场观测，通过对波浪、水流和湍流的同步测量，对系统中波浪能和湍动能的耗散率进行分析，发现潟湖中的波能耗散受潮汐调制并与底部摩擦密切相关，在该以波浪主导的潟湖中观测到的TKE耗散率要大于文献报道的其他岸礁上单向流作用时的耗散率。Hench和Rosman（2013）在法属波利尼西亚莫雷阿礁北岸的一个浅礁坪进行了现场观测，分析了水平尺度小于100m的空间流动特性，发现水流流经单个珊瑚时，珊瑚后方的水流速度显著降低，湍流耗散增加，存在湍动强烈的尾流，湍动能的耗散率和产生率并不存在局部平衡，湍流输运同样重要；当水流流经整个珊瑚群落时，在其后方形成一个回流区，当流过珊瑚群落的水流叠加回流区的湍动和尾流时，速度具有向下的分量，湍动能存在显著的向下输运。

8.3 珊瑚礁冠层的阻力特性

8.3.1 湍流剪切应力

湍流剪切应力（τ）是水流与底床粗糙度之间摩擦作用的度量，表征了糙率单元对水流的阻力大小，也代表了水流驱动床面泥沙运动的动力强度，是研究边界层水沙运动特性的一个重要概念。τ 通常被定义为雷诺剪切应力和黏性切应力的总和：

$$\tau = -\rho\,\overline{u'w'} + \mu\,\frac{\partial \overline{u}}{\partial z} \tag{8.5}$$

式中，μ 为水的动力黏度，珊瑚礁环境中通常为高雷诺数的流动，式（8.5）右边第二项一般可以忽略。

单向流条件下，珊瑚礁冠层的阻水效应（以形阻为主）可通过经典的二次摩擦定律来描述：

$$\tau = \rho C_D U_2^2 \tag{8.6}$$

式中，τ 表示冠层顶部湍流剪切应力，也表示水流流经大糙率床面受到的总阻力；C_D 是拖曳力系数；U_2 是一个参考速度，通常选取距床面一定高度处的流速或流速沿水深的平均值代替。如果获得了前述的剪切速度 u_*，湍流剪切应力 τ 亦可根据 u_* 的定义计算：

$$\tau = \rho u_*^2 \tag{8.7}$$

对于波浪条件，Lentz 等（2018）基于对红海四处珊瑚礁 6 个月的现场观测研究了波浪对于底床阻力的影响，发现波浪的作用增大了冠层阻力系数。他们采用 Feddersen 等（2000）提出的公式解释了波浪的增强作用：

$$\tau = \rho C_D \overline{(\overline{u}+\tilde{u})\,|\overline{u}+\tilde{u}|} \tag{8.8}$$

式中，$\tilde{u}$ 是与波浪相位相关的流速，由瞬时流速减去相位平均流速求得。在波流共同作用下，波浪和海流的非线性叠加会增加床面剪切应力（Pomeroy et al.，2017）。床面剪切应力的最大值大于纯单向流作用下的床面剪切应力和纯波浪作用下的床面剪切应力的代数叠加（Soulsby and Clarke，2005）。

对于波浪运动本身，冠层阻力也常采用波浪摩擦系数 f_w 来参数化，同样采用二次摩擦定律（Jonsson，1966）：

$$\tau = \frac{1}{2}\rho f_w U_w^2 \tag{8.9}$$

式中，U_w 是波浪作用下的特征流速。因此，在建立波浪作用下珊瑚冠层附近水动力的能量守恒和动量守恒方程时，波浪摩擦系数（f_w）和拖曳力系数（C_D）常常分别用来表征底部粗糙单元对波浪和平均流施加的阻力作用（Yao et al.，2020a；Lowe et al.，2008；Buckely 等，2016）。

文献中，Reidenbach 等（2006）的现场观测以及 Reidenbach 等（2007）和 Lowe 等（2005a，2008）的物理模型实验均研究了冠层附近湍流应力垂向分布，发现在单向流条件下和波浪条件下湍流应力的垂向分布趋势相似，如图 8.3（a）和图 8.3（b）所示，在冠层顶部附近，湍流应力增加并在冠层顶部形成峰值；深入到冠层内部，湍流剪切应力随着高度的降低而减小，直至完全消失。在同等强度的波浪条件下和单向流条件下的湍流应力大小存在差异；在冠层上方，波浪作用下的湍流应力值小于单向流作用下的湍流应力值，而冠层内部则相反。因而，可以认为在冠层顶部会形成强湍流混合区（Lowe et al.，2008）。随后，Asher 和 Shavit（2019）采用实际珊瑚骨架结构模拟冠层开展物理模型实验，研究了水深和冠层结构几何形状对湍流运动的影响，分析了湍流剪切应力的垂向分布特性，发现当水深与冠层高度比值大于 1（$h/h_c > 1$）时，湍流应力在冠层内部接近于零值，随后在冠层顶部急剧增加至峰值，从冠层顶部至水面呈线性下降。水体在接近冠层顶部的位置处产生了开尔文–亥姆霍兹（Kevin-Helmholtz）不稳定性，从而在小尺度上形成了旋涡运动。

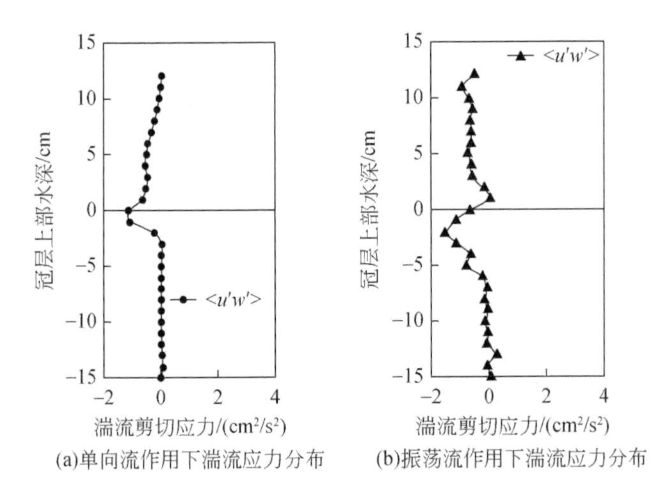

图 8.3 Reidenbach 等（2007）报道的物理模型实验

8.3.2 冠层阻力系数

珊瑚冠层阻力一般用拖曳力系数（C_D）进行描述，其值取决于珊瑚冠层的形态、密度以及水流速度、深度等流动特性（Thomas and Atkinson，1997）。Reidenbach 等（2006）在红海亚喀巴湾对某岸礁礁前斜坡两个地点和附近的沙质岸滩斜坡一个地点进行了对比观测，剪切速度（u_*）直接通过仪器测量的湍流雷诺应力推算得到，则 C_D 值可将式（8.6）和式（8.7）相等后由式（8.10）计算：

$$C_D = \frac{u_*^2}{U^2} \tag{8.10}$$

研究结果表明，C_D 值从 0.009 到 0.015 不等，是沙质海床的 3 ~ 5 倍。McDonald 等（2006）采用实际珊瑚骨架结构模拟冠层开展物理模型实验，研究了水深与珊瑚高度之比对特定珊瑚种类（扁缩滨珊瑚）在单向流的作用下的拖曳力系数（C_D）的影响，利用仪器分别测得冠层上方和冠层内的流速，发现在冠层上方不同深度测得的 C_D 值变化范围为 0 ~ 1.68，并显著依赖于水深与冠层高度的比值（h/h_c）。在较低雷诺数下，C_D 取决于雷诺数和 h/h_c 的比值；在较高的雷诺数下，C_D 与 h/h_c 成反比，两者之间的关系可由如下经验公式描述：

$$C_D = 1.01\ (h/h_c)^{-2.77} + 0.01 \tag{8.11}$$

上述公式仅适用于该实验所研究的特定珊瑚类型。

随后，Rosman 和 Hench（2011）通过理论分析研究了众多文献中报道的拖曳力系数 C_D 变化范围跨越两个数量级的原因，发现主要是由所采用 C_D 定义的不同以及计算 C_D 时选取的参考速度不同导致；Rosman 和 Hench（2011）随后提出一个概化的双层（two-layer）理论模型来进一步解释 C_D 的变化：

$$C_D = c_d \lambda_F \left(\frac{\langle \overline{u} \rangle_{h_c}}{\langle \overline{u} \rangle_{h-h_c}} \right) \left(\frac{1 - \frac{h_c}{h} + \phi \frac{h_c}{h}}{1 - \frac{h_c}{h} + \phi \frac{h_c}{h} \frac{\langle \overline{u} \rangle_{h_c}}{\langle \overline{u} \rangle_{h-h_c}}} \right); h/h_c > 1 \quad (8.12)$$

式中，c_d 是冠层粗糙单元截面阻力系数，假设在冠层内为常值；λ_F 是单位面积上的糙率单元的总迎水面积；$\langle \overline{u} \rangle_{h-h_c}$ 由冠层上方流速对水深进行平均得到；$\langle \overline{u} \rangle_{h_c}$ 由冠层内部流速进行水深平均得到；ϕ 是孔隙率。式（8.12）仅可用于水深大于冠层高度的情况。后来，Lentz 等（2017）综合了在红海四处珊瑚礁 6 个月的现场观测结果和随后的实验室研究对阻力系数的估算结果，发现所估算区域水深的不同亦是阻力系数出现较大范围变化的原因之一。前述研究是获取整个冠层区域的单一 C_D 值，为了克服上述方法的不足，Asher 等（2016）通过物理模型实验研究了单向流作用时，水流流经真实多孔珊瑚冠层模型时所受到的阻力的垂向分布，考虑了冠层内部结构对该分布的影响；研究发现，$h/h_c = 2$ 或 $h/h_c = 3$ 时的测量结果与式（8.11）和式（8.12）预测值符合较好；冠层总阻力随着流速增加呈抛物线增大，证实了阻力与速度的平方成正比。

波浪摩擦系数（f_w）通常用于描述底床摩擦所损耗的波浪能量，对于珊瑚礁冠层，f_w 值通常要比 C_D 值高出一个数量级，如 Buckley 等（2016）基于大糙率礁面（采用小方块阵列模拟）的物理模型实验数据运用半经验半理论模型得到 $C_D = 0.028$ 和 $f_w = 0.2$。另外，Lowe 等（2005c）通过现场观测研究了夏威夷瓦胡岛卡内奥赫湾的波浪能量耗散，发现在该处常浪条件下，卡内奥赫湾的大部分波浪能量是通过底部摩擦耗散的，不同于通常在沙质岸滩和其他珊瑚礁观察到的主要由于波浪破碎耗散。通过数据分析得出，该处 f_w 值为 0.24 ± 0.03，是沙质岸滩 $f_w \approx 0.01$ 的大约 30 倍，与此前 Nelson（1996）在澳大利亚 John Brewer 礁测得的 $f_w \approx 0.1$ 量级一致。Rogers 等（2015）通过现场观测分析了太平洋中部的巴尔米拉环礁上的波能耗散规律，并改进了 Swart（1974）提出的 f_w 的经验公式用于数值模型 SWAN 中：

$$f_w = \begin{cases} \exp[a_1 (A_b/k_N)^{a_2} + a_3], A_b/k_N \geq 0.0369 \\ 50, A_b/k_N < 0.0369 \end{cases} \quad (8.13)$$

式中，$a_1 = 5.213$，$a_2 = -0.194$ 和 $a_3 = -5.977$；A_b 为波浪近底床的位移幅值；k_N 为水力粗糙度。通过沿礁波能流守恒进一步估算得到该礁 f_w 值的范围为 0.4 ~5，显著高于文献中报道的大部分其他珊瑚礁的 f_w 值。随后，Lentz 等（2016）通过现场观测研究了红海东部某台礁上波浪能量耗散规律，同样根据沿礁波能流守恒估算得到 f_w 值的范围为 0.5 ~5，且 f_w 值随着波浪近底床最大水平位移值的减小而增加；该 f_w 值范围与 Rogers 等（2015）所报道的在数量级上完全一致。

8.4 珊瑚礁冠层阻力的模拟方法

8.4.1 单一摩擦系数法

采用计算机进行数值模拟的方法可以克服现场观测和物理模型实验的某些不足，近几十年来在冠层流水动力学研究领域得到了广泛应用。对于珊瑚礁冠层阻力特性的模拟，国内外学者最初将珊瑚礁面当作粗糙底床，采用单一的摩擦系数来描述床面阻力，比较常采用的摩阻公式有曼宁公式：

$$R_f = \frac{gn^2}{h^{1/3}} |u| u \tag{8.14}$$

式中，h 为总水深，n 为曼宁系数，通常取值范围为 0.01 ~ 0.1（Akan and Iyer，2006）。例如，Yao 等（2012）基于 Boussinesq 方程与含曼宁系数底部摩阻项相结合，在实验室尺度模拟了规则波作用下岸礁剖面上的波高和增水的沿礁变化，随后该模型被分别推广应用到了不规则波作用下的（Yao et al.，2019）和现场尺度下的（Yao et al.，2020b）珊瑚礁地形，着重分析了低频长波的产生及礁坪共振问题。Roeber 和 Cheung（2012）同样在 Boussinesq 方程中采用了曼宁系数表示礁面粗糙度，基于 Roeber（2010）的物理模型实验分析了孤立波在岸礁剖面上的传播变形过程。Lashley 等（2018）分别基于 Demirbilek 等（2007）和 Buckley 等（2015）的物理模型实验数据，通过在 XBeach 模型中添加曼宁公式模拟礁面粗糙度，验证了该方法对模拟极端波浪作用下珊瑚岸礁礁后岸滩上波浪爬高的合理性。除了采用曼宁系数进行礁面粗糙度模拟外，文献中亦有学者在模型中基于二次摩擦定律采用类似于前述拖曳力系数（C_D）和波浪摩擦系数（f_w）来分别表示冠层对水流和波浪的阻水效应（Drost et al.，2019；Quataert et al.，2020）。同时，也有学者在模型中采用 Nikuradse 粗糙度来考虑冠层的阻水作用（Franklin et al.，2013；Baldock et al.，2020）。

8.4.2 基于 Morison 方程的方法

为了更准确地描述珊瑚礁冠层粗糙单元的排列结构对水流阻力的影响，有学者进一步将冠层理想化为由一个与水流相互作用圆柱体阵列组成。从形态学上说，该方法比较适合于以枝状珊瑚为结构构成的冠层。冠层所受的力（f_c）可通过 Morison 方程（Morison et al.，1995）来描述：

$$f_c = \frac{1}{2}\rho C_D h_c b_c N_c u|u| + \rho(1+C_M) h_c A_c N_c \frac{\partial u}{\partial t} \tag{8.15}$$

式中，b_c 为柱体（糙率单元）直径；N_c 为每平方米糙率单元数量；A_c 为单个柱体（糙率单元）的阻水面积。采用 Morison 公式描述冠层阻力作为附加阻力项添加到数值模型的动量方程中是文献中常见的模拟海岸植被（如红树林）冠层阻力的方法（Huang et al., 2011; Suzuki et al., 2019）。对于珊瑚礁冠层阻力的模拟，Yao 等（2018）首次通过在 Boussinesq 方程中加入该附加阻力项来模拟实验室尺度的珊瑚礁粗糙度（由圆柱体阵列组成）对孤立波传播变形的影响，分析孤立波在具有不同礁形结构（礁前斜坡、礁后斜坡、礁平面宽度、礁冠宽度）的岸礁上的爬高规律。Rijnsdorp 等（2021）通过在 SWASH 模型中加入 Morison 公式以提高对现场尺度的冠层结构的模拟精度，分析了西澳大利亚 Ningaloo 礁礁坪-潟湖系统中波浪增水和波生流的分布规律，并重点探讨了波浪的非线性和底床摩擦的影响。

8.4.3 基于孔隙介质模型的方法

将孔隙介质模型和数值模型的动量方程结合是近年来一种新兴的用于模拟冠层阻力的方法，相较于圆柱体阵列的假设，该方法可适应于多种珊瑚共生的复杂礁面情况。例如，有学者采用 Higuera 等（2014）和 del Jesus 等（2011）提出的基于求解体积平均的 Reynolds Average Navier-Stokes 方程（VARANS），将多孔介质在流场的阻力效应作为动量方程中的闭合项（closure term, CT）添加到控制方程中：

$$|\mathrm{CT}| = a_p \frac{u_i}{\phi} + b_p \left|\frac{u_i}{\phi}\right| \frac{u_i}{\phi} + c_p \frac{\partial}{\partial t}\frac{u_i}{\phi} \tag{8.16}$$

式中，右边第一项表示边界层黏性效应引起的摩擦效应，第二项表示包含湍流效应在内的各种二次效应，最后一项用于模拟多孔介质中流体加速的附加质量效应；u_i 为第 i 个空间维度的达西流速。右边各项中相应的乘积系数定义如下：

$$a_p = \alpha \frac{(1-\phi)^3}{\phi^2} \frac{\mu}{D_{50}^2} \tag{8.17}$$

$$b_p = \beta \left(1 + \frac{7.5}{\mathrm{KC}}\right) \frac{1-\phi}{\phi^2} \frac{\rho}{D_{50}} \tag{8.18}$$

式中，D_{50} 是多孔介质的特征直径（一般取中值粒径）；α 和 β 是待测系数；c_p 是经验系数；KC（Keulegan-Carpenter）数表征水质点运动的特征长度尺度与多孔介质的特征长度尺度之比，计算式为

$$\mathrm{KC} = \frac{|u|T}{\phi D_{50}} \tag{8.19}$$

式中，T 是波浪周期。文献中，de Ridder（2018）探讨了 XBeach-NH 非静压模型结合多孔介质理论在珊瑚礁环境中的应用，分别采用 Lowe 等（2005a）的实验数据（圆柱体阵列模拟冠层）和 Lowe 等（2008）的实验数据（真实珊瑚骨架模拟冠层）对冠层内的流速以及冠层对波浪运动的影响进行了验证，发现该种结合可以同时适应单向流和振荡流与珊瑚礁相互作用的模拟；最后将该模型成功地应用于现场尺度模拟西澳大利亚 Ningaloo 一个持续 5 天的涌浪事件。Yao 等（2020c）采用基于 VARANS 方程的模型模拟了孤立波在实验室粗糙岸礁地形

上的传播变形和爬高过程，并基于模拟结果提出了预测孤立波爬高的经验公式，最后分析了孤立波作用下流场和涡量场的沿礁变化。Yao 等（2022）将上述模型扩展到了规则波与实验室大糙率礁面相互作用的情况，分析了水动力因素、礁形因素和礁面粗糙度对波浪传播变形和波浪爬高的影响，并同样根据数值结果提出一个预测波浪爬高的经验公式，随后讨论了礁面粗糙度对波谱、波形参数（偏斜度和不对称度）和波浪非线性程度参数（厄塞尔数）的沿礁分布的影响，最后通过数值模拟分析了 TKE 及其耗散率的沿礁变化。He 等（2022）将多孔介质模型与非静压模型相结合，模拟了珊瑚礁-潟湖-口门系统中的波浪传播变形和波生流运动，并重点分析了礁面大糙率对系统中波高、平均水位和波生流分布的影响。

8.4.4 冠层阻力显式模拟法

冠层阻力显式模拟法就是在冠层内外直接划分计算网格，在此基础上直接求解三维不可压缩 Navier-Stokes 方程，可以模拟包括湍流脉动在内的所有瞬时流动的时空演变过程，是冠层流水动力数值模拟中最精确的方法。相关研究中通常是将水流与冠层粗糙单元的相互作用看作柱体绕流问题，并通过三维的数值模拟获得冠层内外精细的流场结构，可为进一步分析冠层内的湍流特征和粗糙单元的阻力特征提供研究手段。该方法在波浪与红树林等海岸植被相互作用的模拟中已有所应用（Wang et al., 2020）。对于珊瑚礁冠层流的模拟，文献中有 Osorio-Cano 等（2018）基于加勒比海 Tesoro 岛某处的真实礁床形态，采用基于雷诺平均的 Navier-Stokes 方程（RANS）显式模拟了沿礁的波浪运动（图 8.4），分析了在不同波浪条件、礁冠水深和底床粗糙度下，波浪破碎和礁面糙率分别引起的波浪能衰减程度。Yu 等（2018）采用大涡模拟方法模拟了波浪与简化为半球阵列的糙率单元的相互作用，分析了波幅、周期和半球间距改变时，糙率单元附近的水动力学特性与无量纲 KC 数的相关性。

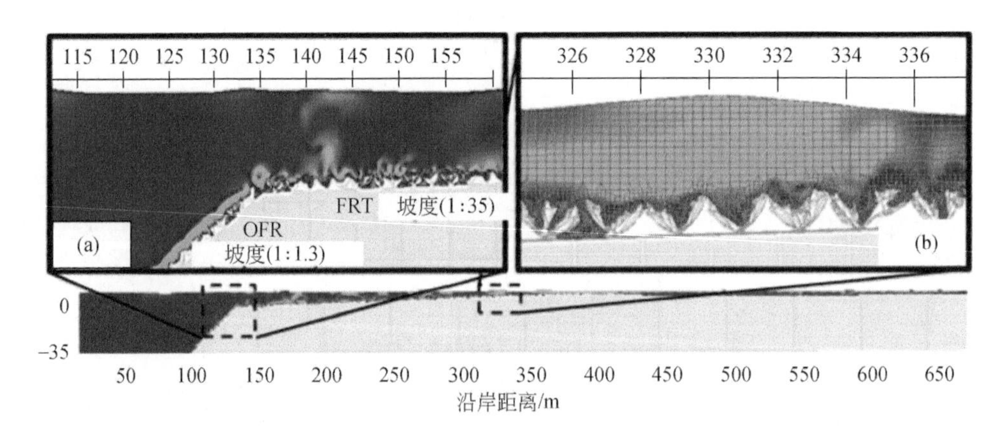

图 8.4 （a）礁前斜坡（OFR）和外礁坪（FRT）区域波浪与底部糙率之间相互作用的模拟；（b）礁坪局部位置的网格设置（Osorio-Cano et al.，2018）

8.5 珊瑚礁冠层内的泥沙输运

8.5.1 沉积物在裸露床面的输运

对于无冠层的裸露床面，泥沙的起动与施加在床面上的剪切应力直接相关。剪切应力超过临界阈值时床面泥沙随即起动。该临界阈值取决于泥沙的粒度、密度等特性（Shields, 1936）。另一个与泥沙起动相关的变量为湍流涡动的垂向速度分量，当它大于泥沙的沉降速度时，泥沙被提升为悬浮物，更易于被输送（Bagnold, 1966；Francis, 1973）。一旦泥沙起动，泥沙的输运可划分为两个部分：①悬移质——以悬浮方式输移的泥沙；②推移质——沿床面滚动、移动、跳跃或以层移方式输移的泥沙。因此，总的泥沙输移率（S_{total}）可线性划分为

$$S_{total} = S_b + S_s \tag{8.20}$$

式中，S_b 和 S_s 分别表示推移质输沙率和悬移质输沙率。通常采用Rouse数（P）界定泥沙输移方式，即泥沙颗粒下沉速度（w_s）和床面剪切速度（u_*）的比值：

$$P = \frac{w_s}{u_*} \tag{8.21}$$

对于没有底栖冠层的非黏性泥沙床面，当 $P > 1$ 时，大部分泥沙以推移质形式运动；随着水流强度的增加，当 $P < 0.5$ 时，大部分泥沙以悬移质形式运动；当 P 为0.5 ~1时，推移质和悬移质的输沙量相近。

悬移质输沙率定义为流速（u）和悬浮泥沙浓度（c）的乘积沿水深方向的积分。其输运模型常采用对流扩散方程，如在水平一维的系统中，可采取以下形式：

$$\frac{\partial c}{\partial t} + w_s \frac{\partial c}{\partial z} + \frac{\partial \langle c'w' \rangle}{\partial z} = 0 \tag{8.22}$$

式中，$\langle c'w' \rangle$ 代表垂直（向上）与水流湍动相关的泥沙通量。式（8.22）的求解依赖于下述条件：①已知床面附近悬移质泥沙参考浓度；②已知对应的流速剖面 $u(z)$；③假定沉积物的湍流扩散系数为湍流的涡流系数。

推移质输沙率的计算公式很多，van Rijn（2007）提供了一个很好的总结，且总结的公式都定义了“最佳”适用性范围，包括泥沙粒径、水流条件以及相关假设的有效性。目前，推移质输沙率可用推移质输沙率无量纲值 ϕ_b 表示，定义如下：

$$\phi_b = \frac{S_b}{\sqrt{\left(\frac{\rho_s}{\rho} - 1\right) g d_s^3}} \tag{8.23}$$

式中，ρ_s 为泥沙密度；ρ 为水的密度；d_s 为泥沙颗粒直径。另外，推移质输沙公式的一般关系式可表示为

$$\phi_b \propto (\theta - \theta_{cr})^m \tag{8.24}$$

式中，m 为幂指数，通常在 1 ~2 的范围内；θ 为希尔兹数；θ_{cr} 为临界希尔兹数。量纲分析表明，水流拖曳力和沉降力之间的相对平衡可以用临界希尔兹数来表示：

$$\theta_{cr} = \frac{\tau_{b,cr}}{(\rho_s - \rho)gd_s} \tag{8.25}$$

式中，$\tau_{b,cr}$为泥沙起动的临界床面切应力。

8.5.2 沉积物在冠层覆盖床面的输运

对于冠层覆盖的沉积物床面，上层水流受到的总应力（τ_{total}）可分割成两部分：①由床面沉积物颗粒施加给水体的床面剪切应力（τ_{bed}）；②由床面粗糙度（如珊瑚冠层粗糙单元）施加给水体的形阻（τ_{drag}），即

$$\tau_{total} = \tau_{bed} + \tau_{drag} \tag{8.26}$$

当床面粗糙度相对较小时（如沙质床面），上层水体受到的形阻较小，可忽略不计，此时 $\tau_{total} \approx \tau_{bed}$。上层水体的剪切应力值等同于起动泥沙颗粒的床面剪切应力。当床面粗糙度相对较大时，形阻远大于床面剪切应力，从冠层上方水体中通过对水动力测量估算的剪切应力包含了粗糙度施加的形阻，此时总应力并不等同于床面剪切应力，总应力不能直接用于估算沉积物的输运（Le Bouteiller and Venditti，2015）。沉积物在床面上的起动和悬浮受相同的物理过程控制，粗糙度的改变并不对该物理过程产生影响。但床面剪切应力之间的关键差异对泥沙输沙率有重要影响，尤其体现在现有输沙率预测公式应用于大粗糙度床面时其适用性不能得到保证（图 8.5）。

图 8.5　实验室珊瑚礁冠层内的泥沙运动

文献中，其他水生植物冠层（如海草、香蒲等）存在时的泥沙输运问题已通过开展物理模型实验（Ros et al.，2014；Colomer et al.，2019；Xu and Nepf，2021；Barcelona et al.，2021；Li et al.，2022）或者采用理论分析方法（Huai et al.，2019；Li et al.，2020）进行了研究，提出了相应的输沙率预测公式。目前，仅个别文献研究了珊瑚礁冠层附近的泥沙输运，尚未建立相关输运理论。Lowe 和 Ghisalberti（2016）首先综述了预测海岸泥沙输运的传统方

法以及近底床沉积物输运的测量技术，随后介绍了珊瑚礁冠层和其他水生植物冠层环境中沉积物输运的现场观测和实验室研究现状，最后针对冠层覆盖床面的泥沙输运研究作出了展望。Pomeroy 等（2017）在西澳大利亚 Ningaloo 礁北岸波流共存的区域开展了为期 3 周的现场观测，研究了波流共同的珊瑚礁环境中的湍流结构以及悬浮泥沙的浓度分布、输沙率和粒径分布，发现珊瑚冠层内悬沙颗粒较细且浓度较低，由此推断粗糙床面的实际剪切应力小于裸床床面，因而无法用传统模型进行泥沙输运量的预测；考虑大粗糙度的影响对床面剪切应力进行简单修正可以较大地提高对悬沙粒径和浓度的预测精度，但仍未能实现对悬沙分布的准确预测。

8.6 总结与展望

本章从冠层内外流动特性、冠层阻力特性、冠层阻力的模拟方法和冠层内的泥沙输运四个方面，总结了国内外珊瑚礁冠层水沙动力学的研究现状；对于冠层内外流动特性方面的综述主要介绍了在单向流、波浪以及波流共同作用下冠层附近的平均流和湍流特性；关于冠层阻力特性的综述主要介绍了湍流剪切应力和阻力系数（拖曳力系数和波浪摩擦系数）的计算方法；对于冠层阻力模拟方法的综述主要介绍了单一摩擦系数、基于 Morison 公式的方法、基于孔隙介质模型的方法和冠层阻力显式模拟法四种方法；关于冠层内泥沙输运的综述分别介绍了沉积物在裸露床面和冠层覆盖床面上的输运。

1）现有的物理模型实验研究主要集中单向流或振荡流与珊瑚礁冠层的相互作用问题，仅少数涉及波流共同作用下的冠层附近的水流特征；以往的实验研究中，学者们仅关注礁坪特定位置处沿水深的水流分布规律，冠层一般采用均匀的柱体阵列或特定种类的珊瑚群落模型来实现，未来尚需要对沿礁不同位置（如礁前斜坡、礁坪）的水流垂向分布规律以及采用更接近于真实礁面的冠层模型（如 3D 打印的真实海床）来进一步研究波浪共同作用下珊瑚礁冠层水动力学问题；此外，对于更复杂的不规则波（频谱波）与珊瑚礁冠层的相互作用问题未来也有待深入研究。关于珊瑚礁冠层附近的湍流特性的研究文献相对较少，目前主要关注湍动能在冠层内外沿水深的分布采用湍动能的平衡方程进行解释；以往针对珊瑚冠层湍流特性的研究通常把冠层粗糙单元当成垂向几何结构无差异单元（如圆柱体）或者概化为一个整体，不考虑冠层内部具体结构对湍流分布以及湍动能产生和耗散的影响；然而，珊瑚礁冠层中的结构较为复杂且粗糙度具有多尺度的物理特征，导致珊瑚礁环境中产生的湍流具有各向异性；未来可采用更为先进的测量方法研究天然珊瑚礁粗糙度和孔隙度的不均匀空间分布对湍流特性的影响。

2）现有的针对珊瑚礁冠层阻力特性开展的研究大多将冠层简化为由规则的柱体阵列或某种真实的珊瑚骨架模型构成，通常采用单一经验系数表征整个冠层粗糙度及其阻力特性；然而，真实珊瑚礁珊瑚种群多样，冠层内部结构极为复杂，糙率单元空间分布极不均匀，因此采用随空间变化的阻力系数并进一步分析冠层内阻力系数的垂向分布和水平分布是今后一个可以努力的方向；如何更合理地参数化描述冠层阻力的空间分布特征并给出预测公式尚需进一步开展研究。

3）采用单一的经验摩擦系数来描述冠层的阻水作用的优点是简单方便且不增加额外的计算开销，缺点是该方法将冠层阻力概化为常数，相当于一个黑箱模型，只考虑整体的阻水效应，忽略了冠层内部几何结构的影响，对于研究某些问题，如珊瑚砂起动和输运问题时精度不高。基于 Morison 方程和孔隙介质模型的方法虽然相对单一摩阻系数（如曼宁系数）的方法可以更合理地描述冠层某些结构特征对阻力特性的影响，然而仍未能对冠层内部流动结构做细致描述，同时模型参数的增加也一定程度上增加了模型的率定难度；对于较为复杂的冠层结构尤其是针对糙率单元形状极不规则且冠层孔隙特征显著时，相应的阻力系数值较难确定，因此如何将冠层内部极其复杂的骨架结构进行更为精确的描述，是今后需要关注的一个问题。由于基于冠层阻力显式模拟的方法需要大量的计算网格和更先进的计算资源，目前仅用于分析局部问题或者简单波浪作用；但是冠层阻力显式模拟方法克服了前述三种方法对冠层内流动现象描述的缺失，直观复现了冠层内精细的流动过程及相关物理现象，因此对于冠层内部精细化流场的解构有着不可替代的作用；采用基于 Navier-Stokes 方程方法对珊瑚礁冠层附近水动力和阻力特性进行精细化模拟是今后该领域数值模拟研究的发展方向，如何改进计算效率以适应更大尺度更复杂的波流问题仍要进一步突破。

4）由于碳酸盐沉积物的物理性质与硅酸盐沉积物的差异以及冠层结构对泥沙的遮蔽效应，现有的泥沙起动和输运公式已不再适用；因此，开发适用于冠层覆盖床面的沉积物的预测方法是未来可以重点关注的研究方向，仍需要大量实验室和现场观测数据作为支撑；除了采用更为先进的测量手段对冠层内的泥沙运动进行精确测量外，数值模拟方法是研究冠层内泥沙输运过程的另一个有效手段，但未来仍需要解决水沙两相流的精细化模拟问题。

参考文献

AkanA O, Iyer S S. 2006. Open Channel Hydraulics. Oxford: Elsevier, Butterworth Heinemann Press: 448.

Asher S, Niewerth S, Koll K, et al. 2016. Vertical variations of coral reef drag forces. Journal of Geophysical Research: Oceans, 121 (5): 3549-3563.

Asher S, Shavit U. 2019. The effect of water depth and internal geometry on the turbulent flow inside a coral reef. Journal of Geophysical Research: Oceans, 124: 3508-3522.

Bagnold R A. 1966. An Approach to the Sediment Transport Problem from General Physics. Washington: US Government Printing Office: 37.

Baldock T E, Shabani B, Callaghan D P, et al. 2020. Two-dimensional modelling of wave dynamics and wave forces on fringing coral reefs. Coastal Engineering, 155: 103594.

Barcelona A, Oldham C, Colomer J, et al. 2021. Particle capture by seagrass canopies under an oscillatory flow. Coastal Engineering, 169: 103972.

Buckley M L, Lowe R J, Hansen J E, et al. 2015. Dynamics of wave setup over a steeply-sloping fringing reef. Journal of Physical Oceanography, 45: 3005-3023.

Buckley M L, Lowe R J, Hansen J E, et al. 2016. Wave setup over a fringing reef with large bottom roughness. Journal of Physical Oceanography, 46: 2317-2333.

Colomer J, Contreras A, Folkard A, et al. 2019. Consolidated sediment resuspension in model vegetated canopies. Environmental Fluid Mechanics, 19: 1575-1598.

Davis K A, Pawlak G, Monismith S G. 2020. Turbulence and coral reefs. Annual review of marine science, 13 (1): 343-373.

de Ridder M P. 2018. Non-hydrostatic wave modelling of coral reefs with the addition of a porous in-canopy model. Master Dissertation, TU Delft, Delft University of Technology, Delft, Netherlands.

del Jesus M. 2011. Three-dimensional interaction of water waves with coastal structures. Ph. D. Thesis, Universidad de Cantabria.

Demirbilek Z, Nwogu O G, Ward D L. 2007. Laboratory study of wind effect on runup over fringing reefs. U. S. Army Engineer Research and Development Center, Vicksburg, MS. Report 1: Data report, Coastal and Hydraulics Laboratory Technical Report ERDC/CHL-TR-07-4.

Drost E J F, Cuttler M V W, Lowe R J, et al. 2019. Predicting the hydrodynamic response of a coastal reef-lagoon system to a tropical cyclone using phase-averaged and surfbeat-recolving wave models. Coastal Engineering, 152: 103525.

Falter J L, Atkinson M J, Lowe R J, et al. 2007. Effects of nonlocal turbulence on the mass transfer of dissolved species to reef corals. Limnology and Oceanography, 52 (1): 274-285.

Feddersen F, Guza R T, Elgar S, et al. 2000. Velocity moments in alongshore bottom stress parameterizations. Journal of Geophysical Research: Oceans, 105: 8673-8678.

Finnigan J. 2000. Turbulence in plant canopies. Annual Review of Fluid Mechanics, 32 (1): 519-571.

Francis J R D. 1973. Experiments on the motion of solitary grains along the bed of a water-stream. Proceedings of the Royal Society of London. A Mathematical and Physical Sciences, 332 (1591): 443-471.

Franklin G, Mariño-Tapia I, Torres-Freyermuth A. 2013. Effects of reef roughness on wave setup and surf zone currents. Journal of Coastal Research, 118: 2005-2010.

Grant W D, Madsen O S. 1979. Combined wave and current interaction with a rough bottom. Journal of Geophysical Research, 84 (C4): 1797-1808.

He D, Ma Y, Dong G, et al. 2022. A numerical investigation of wave and current fields along bathymetry with porous media. Ocean Engineering, 244: 110333.

Hench J L, Rosman J H. 2013. Observations of spatial flow patterns at the coral colony scale on a shallow reef flat. Journal of Geophysical Research: Oceans, 118: 1142-1156.

Higuera P, Lara J, Losada I J. 2014. Three-dimensional interaction of waves and porous coastal structures using OpenFOAM[R]. Part I: Formation and validation. Coastal Engineering, 81: 243-258.

Huai W, Yang L, Wang W J, et al. 2019. Predicting the vertical low suspended sediment concentration in vegetated flow using a random displacement model. Journal of Hydrology, 578: 124101.

Huang Z, Yao Y, Sim S Y, et al. 2011. Interaction of solitary waves with emergent, rigid vegetation. Ocean Engineering, 38 (10): 1080-1088.

Huang Z C, Lenain L, Melville W K, et al. 2012. Dissipation of wave energy and turbulence in a shallow coral reef lagoon. Journal of Geophysical Research, 117: C03015.

Infantes E, Orfila A, Simarro G, et al. 2012. Effect of a seagrass (Posidonia oceanica) meadow on wave propagation. Marine Ecology Progress Series, 456: 63-72.

Jonsson I G. 1966. Wave boundary layers and friction factors. In Coastal Engineering, 1546.

Lashley G H, Roelvink D, van Dongeren A, et al. 2018. Nonhydrostatic and surfbeat model predictions of extreme wave run-up in fringing reef environments. Coastal Engineering, 137: 11-27.

Le Bouteiller C, Venditti J G. 2015. Sediment transport and shear stress partitioning in a vegetated flow. Water Resources Research, 51 (4): 2901-2922.

Lentz S J, Churchill J H, Davis K A, et al. 2016. Surface gravity wave transformation across a platform coral reef in the Red Sea. Journal of Geophysical Research: Oceans, 121 (1): 693-705.

Lentz S J, Davis K A, Churchill J H, et al. 2017. Coral reef drag coefficients—water depth dependence. Journal of Physical Oceanography, 47: 1061-1075.

Lentz S J, Churchill J H, Davis K A. 2018. Coral reef drag coefficients—surface gravity wave enhancement. Journal of Physical Oceanography, 48: 1555-1566.

Lesser M P, Weis V M, Patterson M R, et al. 1994. Effects of morphology and water motion on carbon delivery and productivity in the reef coral, Pocillopora-damicornis (Linnaeus) —Diffusion-barriers, inorganic carbon limitation, and biochemical plasticity. Journal of Experimental Marine Biology and Ecology, 178 (2): 153-179.

Li D, Yang Z, Zhu Z, et al. 2020. Estimating the distribution of suspended sediment concentration in submerged vegetation flow based on gravitational theory. Journal of Hydrology, 587: 124921.

Li D, Yang Z, Guo M. 2022. Study of suspended sediment diffusion coefficients in submerged vegetation flow. Water Resources Research, 58: e2021WR031155.

Lowe R J, Falter J L. 2015. Oceanic forcing of coral reefs. Annual Review of Marine Science, 7 (1): 43-66.

Lowe R, Ghisalberti M. 2016. Sediment transport processes within coral reef and vegetated coastal ecosystems: a review. Report of Theme 3 - Project 3. 1. 2, prepared for the Dredging Science Node, Western Australian Marine Science Institution, Perth, Western Australia, 27 pp.

Lowe R J, Koseff J R, Monismith S G. 2005a. Oscillatory flow through submerged canopies: 1. Velocity structure. Journal of Geophysical Research, 110: C10016.

Lowe R J, Koseff J R, Monismith S G, et al. 2005b. Oscillatory flow through sub-merged canopies: 2. Canopy mass transfer Journal of Geophysical Research, 110: C10017.

Lowe R J, Falter J L, Bandet M D, et al. 2005c. Spectral wave dissipation over a barrier reef. Journal of Geophysical Research, 110: C04001.

Lowe R J, Shavit U, Falter J L, et al. 2008. Modelling flow in coral communities with and without waves: A synthesis of porous media and canopy flow approaches. Limnology and Oceanography, 53 (6): 2668-2680.

Luhar M, Coutu S, Infantes E, et al. 2010. Wave- induced velocities inside a model seagrass bed. Journal of Geophysical Research, 115: C12005.

McDonald C B, Koseff J R, Monismith S G. 2006. Effects of the depth to coral height ratio on drag coefficients for unidirectional flow over coral. Limnology and Oceanography, 51 (3): 1294-1301.

Monismith S G, Rogers J S, Koweek D A, et al. 2015. Frictional wave dissipation on a remarkably rough reef. Geophysical Research Letters, 42 (10): 4063-4071.

Morison J R, O' brien M P, Johnson J W, et al. 1995. The force exerted by surface waves on piles. Journal of Petroleum Technology, 2 (5): 149-154.

Nelson R C. 1996. Hydraulic roughness of coral reef platforms. Applied Ocean Research, 18 (5): 265-274.

Nepf H M. 2012. Flow and transport in regions with aquatic vegetation Annual Review of Fluid Mechanics, 44: 123-142.

Nepf H M, Vivoni E R. 2000. Flow structure in depth-limited, vegetated flow. Journal of Geophysical Research, 105 (C12): 28547-28557.

Nepf H, Ghisalberti M, White B, et al. 2007. Retention time and dispersion associated with submerged aquatic canopies. Water Resources Research, 43: W04422.

Osorio-Cano J D, Alcérreca-Huerta J C, Osorio A F. 2018. CFD modelling of wave damping over a fringing reef in the Colombian Caribbean. Coral Reefs, 37 (4): 1093-1108.

Pomeroy A, Lowe R, Ghisalberti M, et al. 2015. Mechanics of sediment suspension and transport within a fringing reef. Proceedings of Coastal Sediments, 1-14.

Pomeroy A W M, Lowe R J, Ghisalberti M, et al. 2017. Sediment transport in the presence of large reef bottom roughness. Journal of Geophysical Research: Oceans, 122 (2): 1347-1368.

Quataert E, Storlazzi C, van Dongeren A, et al. 2020. The importance of explicitly modelling sea-swell waves for runup on reef-lined coasta. Coastal Engineering, 160: 103704.

Raupach M R, Antonia R A, Rajagopalan S. 1991. Rough-wall turbulent boundary layers. Applied Mechanics Reviews, 44 (1): 1-25.

Reidenbach M A, Monismith S G, Koseff J R, et al. 2006. Boundary layer turbulence and flow structure over a fringing coral reef. Limnology and Oceanography, 51 (5): 1956-1968.

Reidenbach M A, Koseff J R, Monismith S G. 2007. Laboratory experiments of fine-scale mixing and mass transport within a coral canopy. Physics of Fluids, 19: 075107.

Rijnsdorp D P, Buckley M L, da Silva R F, et al. 2021. A numerical study of wave-driven mean flows and set-up dynamics at a coral reef-lagoon system. Journal of Geophysical Research: Oceans, 126: e2020JC016811.

Roeber V. 2010. Boussinesq-Type Model for Nearshore Wave Processes in Fringing Reef Environment. PhD Thesis, University of Hawaii at Manoa, Honolulu, HI.

Roeber V, Cheung K F. 2012. Boussinesq-type model for energetic breaking waves in fringing reef environments. Coastal Engineering, 70: 1-20.

Rogers J S, Monismith S G, Koweek D A, et al. 2015. Wave dynamics of a Pa-cific Atoll with high frictional effects. Journal of Geophysical Research: Oceans, 121 (1): 350-367.

Ros À, Colomer J, Serra T, et al. 2014. Experimental observations on sediment resuspension within submerged model canopies under oscillatory flow. Continental Shelf Research, 91: 220-231.

Rosman J H, Hench J L. 2011. A framework for understanding drag parameterizations for coral reefs. Journal of Geophysical Research, 116: C08025.

Sebens K P, Helmuth B, Carrington E, et al. 2003. Effects of water flow on growth and energetics of the scleractinian coral Agaricia tenuifolia in Belize. Coral Reef, 22: 35-47.

Shields A. 1936. Application of similarity principles and turbulence research to bed-load movement. Soil Conservation Service, Cooperative Laboratory, California Institute of Technology Pasadena, California.

Soulsby R, Clarke S. 2005. Bed shear-stresses under combined waves and currents on smooth and rough beds, Rep. TR137, HR Wallingford Ltd. , Wallingford, U. K.

Suzuki T, Hu Z, Kumada K, et al. 2019. Non-hydrostatic modeling of drag, inertia and porous effects in wave propagation over dense vegetation fields. Coastal Engineering, 149: 49-64.

Swart D H. 1974. Offshore Sediment Transport and Equilibrium Beach Profiles. PhD Dissertation, TU Delft, Delft University of Technology, Delft, Netherlands.

Thomas F I M, Atkinson M J. 1997. Ammonium uptake by coral reefs: effects of water velocity and surface roughness on mass transfer. Limnology and Oceanography, 42 (1): 81-88.

Van Rijn L C. 1984. Sediment transport, part II: suspended load transport. Journal of hydraulic engineering, 110 (11): 1613-1641.

Van Rijn L C. 2007. Unified view of sediment transport by currents and waves. I: Initiation of motion, bed roughness, and bed-load transport. Journal of Hydraulic engineering, 133 (6): 649-667.

Van Rooijen A, Lowe R, Rijnsdorp D, et al. 2020. Wave-driven mean flow dynamics in submerged canopies. Journal of Geophysical Research: Oceans, 125: e2019JC015935.

Wang Y, Yin Z, Liu Y. 2020. Numerical investigation of solitary wave attenuation and resistance induced by rigid vegetation based on a 3-D RANS model. Advances in Water Resources, 146: 103755.

Wiberg P L. 1995. A theoretical investigation of boundary layer flow and bottom shear stress for smooth, transitional, and rough flow under waves. Journal of Geophysical Research, 100 (C11): 22667-22679.

Williams S L, Carpenter R C. 1998. Effects of unidirectional and oscillatory water flow on nitrogen fixation (acetylene reduction) in coral reef algal turfs, Kaneohe Bay, Hawaii. Journal of Experimental Marine Biology and Ecology, 226 (2): 293-316.

Xu Y, Nepf H. 2021. Suspended sediment concentration profile in a Typha Latifolia canopy. Water Resources Research, 57: e2021WR029902.

Yao Y, Huang Z, Monismith S G, et al. 2012. 1DH Boussinesq modeling of wave transformation over fringing reefs. Ocean Engineering, 47: 30-42.

Yao Y, He F, Tang Z, et al. 2018. A study of tsunami-like solitary wave transformation and run-up over fringing reefs. Ocean Engineering, 149: 142-155.

Yao Y, Zhang Q, Chen S, et al. 2019. Effects of reef morphology variations on wave processes over fringing reefs. Applied Ocean Research, 82: 52-62.

Yao Y, He W R, Jiang C B, et al. 2020a. Wave-induced set-up over barrier reefs under the effect of tidal current. Journal of Hydraulic Research, 58 (3): 447-459.

Yao Y, Zhang Q M, Janet M B, et al. 2020b. Boussinesq modeling of wave processes in field fringing reef environments. Applied Ocean Research, 95: 102025.

Yao Y, Chen X J, Xu C H, et al. 2020c. Modeling solitary wave transformation and run-up over fringing reefs with large bottom roughness. Ocean Engineering, 218: 108208.

Yao Y, Chen X J, Xu C H, et al. 2022. Numerical modelling of wave transformation and runup over rough fringing reefs using VARANS equations. Applied Ocean Research, 118: 102952.

Yu X, Rosman J H, Hench J L. 2018. Interaction of waves with idealized high-relief bottom roughness. Journal of Geophysical Research: Oceans, 123 (4): 3038-3059.

第9章 工程活动影响下珊瑚礁海岸水动力学

9.1 引　言

在全球气候变化的大背景下，全世界低海拔岛礁地区在面对海平面上升和极端风暴时更容易受到海岸洪水的影响（Hoeke et al.，2013；Ford et al.，2018；Storlazzi et al.，2018）。为了保护珊瑚礁海岸线，相关国家制定了各类保护方案，而防浪建筑物是海岸防灾减灾最常用的工程措施，图9.1（a）展示了马绍尔群岛马朱罗环礁上的一个防波堤应用实例。图9.1（b）展示的是西沙永暑礁上一段防波堤工程的实例。目前国内外文献中对珊瑚礁地形上建设防浪建筑物的研究报道相对缺乏，这是因为：首先，这类建筑物常处于远海地区，易受到风暴潮等极端波浪事件的影响，而该类远海岛礁用于辅助设计的现场观测数据往往比较缺乏；其次，珊瑚礁地形亦迥异于普通沙质海岸，典型的珊瑚礁剖面存在陡峭的礁前斜坡（通常大于1∶20）和水平的礁坪，在礁面上相对于沙质海岸会产生更强烈的波浪破碎和波流运动（Courlay，1996）；最后，对于我国而言，防浪建筑物一般建设在新填筑的礁坪上，工程建设周期短，地质条件相对薄弱，其建成后在极端波浪掏蚀作用下更易于发生基础失稳破坏。因此，传统的防浪建筑物设计标准已不再适用，急需新开发适用于珊瑚礁地形的防浪建筑物的设计方法和工程规范来用于指导工程实践。

(a)马绍尔群岛马朱罗环礁某处

(b)西沙永暑礁某处

图9.1　岛礁上的防波堤工程实例（Chen et al.，2020）

近年来，由于海岸带基础设施的发展建设，世界上某些人口稠密的低海拔珊瑚岛屿沿岸地区建筑材料的供需矛盾问题日益突出，在珊瑚礁上采掘珊瑚砂成为一种成本相对较低的工程解决措施（Ford et al.，2013）。图9.2是在马绍尔群岛某地珊瑚礁上开采珊瑚砂用于机场建设的一个实例，该地礁坪上大多数采掘坑面积超过了足球场的大小，对珊瑚礁海岸的地形地貌产生了重大影响；同时，不同于沙质海滩的采砂活动能在短期内得到补给和恢复，珊瑚礁采砂坑的修复需要相当长的周期。目前该类采掘活动对珊瑚礁水动力环境造成的影响尚不明确，因此研究珊瑚礁上存在采砂活动时波浪的演化特征可为评估此类海岸在全球气候变化影响下的洪水灾害风险提供理论依据，也对进一步揭示岛礁周围泥沙的输运机理以及海岸线的演变规律具有重要的参考价值。

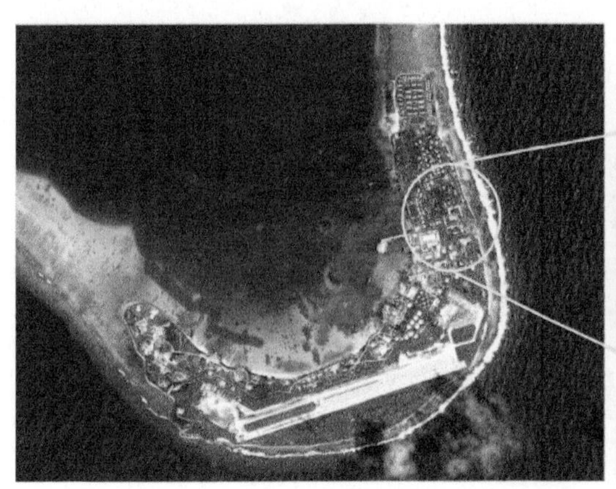

图 9.2　马绍尔群岛马朱罗环礁和人工采砂活动留下的采掘坑（Klaver，2018）

9.2　波浪与珊瑚礁海岸防浪建筑物的相互作用

9.2.1　防浪建筑物附近的波浪运动

波浪爬高是防浪建筑物设计的重要参考指标，其由短波、低频长波和增水三种成分组成（Merrifield et al.，2014）。文献中，陈松贵等（2018）基于大比尺波浪水槽模型实验，开展了不规则波在建有防波堤的珊瑚礁陡变地形上传播变形规律的研究，发现防浪堤的阻水效应会限制波浪的向岸质量输移流，水位在堤前抬升显著，波流增水与深水波浪辐射应力之间具有良好的线性关系。Wen 等（2018）利用物理模型实验和基于 SPH 模型的数值模拟对比了有无防波堤的情况下礁坪上波高和波浪增水的沿礁分布，分析了波浪能量从峰值频率向较低和较高频率区间的传递、礁坪上波生流的垂直分布以及防波堤的位置对波浪增水和爬高的影响。贾美军等（2020）通过物理模型实验研究了不规则波作用下筑堤珊瑚礁海岸附近短波、低频长波和增水的变化规律，并对比了不同防波堤位置的影响，发现短波沿礁持续衰减，低频长波波高沿礁逐渐增大，增水则无明显变化；岸线附近短波随着防波堤与礁缘距离的增大而减小，低频长波则在防波堤处于内礁坪时达到最大，增水对防波堤位置变化不敏感。

9.2.2 防浪建筑物的越浪量

顶部越浪量是防浪建筑物设计的一个重要指标，国内外广泛应用的预测防浪建筑物越浪量的方法都是基于近岸缓坡地形得出。欧盟的 CLASH 项目被认为是认识波浪越浪问题的一个重大突破（de Rouck et al.，2009；van der Meer et al.，2009），该项目提供了一个由10 000 多个案例组成的波浪越浪数据库，不少学者利用数据库中的数据进行分析，提出了预测越浪量的经验公式，如 Goda（2009）、van der Meer 和 Bruce（2014）、Etemad-Shahidi等（2016），但均未考虑珊瑚礁陡变地形上防浪建筑物的波浪越浪问题。珊瑚礁海岸在建筑物前水深与波高关系、底坡坡度等方面均超出现有规范中越浪量计算公式的适用范围(陈松贵等，2019a)。

对于珊瑚礁地形上防浪建筑物越浪量的估算，陈松贵等（2019a）通过大比尺波浪水槽实验研究了规则波在筑堤珊瑚礁上的传播过程，分析了波高、周期、礁坪水深以及防浪堤与礁缘之间距离对越浪量的影响，发现防浪建筑物越浪量受礁缘与建筑物之间的距离的影响很显著，并基于实验数据提出了预测规则波作用下珊瑚礁上直立式防浪堤越浪量的经验公式：

$$\frac{Q}{\sqrt{gH_0^3}}\frac{H_0}{gT^2}\frac{D}{T\sqrt{gh_r}}=1.279\exp\left(-5.791\frac{R_c}{H_0}\right) \tag{9.1}$$

式中，Q 为越浪量；g 为重力加速度；H_0 为远海入射波高；T 为波浪周期；D 为防波堤距礁缘的距离；h_r 为礁坪水深；R_c 为堤身干舷高度。随后，Liu 等（2020a）采用不规则波波浪水槽实验研究发现入射波高、水深和干舷高度是影响珊瑚礁上垂直防波堤越浪量的主要因素，并提出了适应于珊瑚礁上直立式防波堤越浪量的预测公式：

$$\frac{Q}{\sqrt{gH_i^3}}=0.85\left(\frac{H_i}{h_t}\right)^{2.9}\exp\left(-2.2\frac{R_c}{H_i}\right) \tag{9.2}$$

式中，H_i 为防波堤堤趾前的有效波高；h_t 为堤前水深。随后，Liu 等（2020b）基于 SWASH 非静压模型的模拟数据开发了一种人工神经网络工具，用于预测珊瑚礁上直立式防波堤的越浪量，并采用深水波浪参数作为输入，不需要事先计算堤趾处的波高和周期，具有较大的实用性。Chen 等（2020）基于不可压缩的 Navier-Stokes 方程结合大涡模拟，研究了规则波与珊瑚礁上直立式防波堤的相互作用，揭示了越浪量随入射波高、波浪周期、礁坪水深、礁前斜坡坡度、防波堤距离礁缘的距离和防波堤堤顶宽度之间的变化规律，并提出了一种更加适用于珊瑚礁地形上的防波堤波浪越浪公式：

$$\frac{Q}{\sqrt{gH_0^3}}=0.15\exp\left(-6.03\frac{R_c}{H_0}\right)\left(\frac{H_0}{gT^2}\right)^{-1.07}\left(\frac{D}{W}\right)^{-1.13}s^{0.73} \tag{9.3}$$

式中，W 为堤顶宽度；s 为礁前斜坡坡度。虽然式（9.3）与式（9.1）类似，均适用于规则波作用下的越浪量估算，但其考虑的影响因素更为全面。

9.2.3 防浪建筑物的波浪力

防浪建筑物所受的波浪荷载是另一个重要的设计指标，文献中陈松贵等（2019b）对珊瑚礁地形上斜坡堤胸墙在不同水深和波浪条件下的水平力和浮托力进行了研究，发现胸墙的波浪力受波浪破碎后的堤前壅水、破碎波高和冲击水流的共同影响，胸墙水平力呈矩形分布，浮托力呈三角形分布。Chen 等（2020）基于前述数值模拟的分析结果，综合考虑入射波高、周期、礁坪水深、礁前斜坡坡度、防波堤距礁缘的距离、堤顶宽度各种影响因素，提出了预测珊瑚礁地形上防波堤水平波浪力的计算公式：

$$\frac{F_x}{\rho g H_0^2} = 0.10\left(\frac{h_r}{H_i}\right)^{0.81}\left(\frac{H_0}{gT^2}\right)^{-0.50}\left(\frac{D}{W}\right)^{-0.02} s^{0.13} \tag{9.4}$$

式中，F_x 为水平波浪力；ρ 为海水密度。Fang 等（2022）通过一系列物理模型实验和基于直接求解 Navier-Stokes 方程的数值模拟，研究了孤立波在岸礁地形上的传播以及破碎波对礁坪上直立海堤的冲击，同时提出了防波堤最大波压力的预测公式：

$$\begin{aligned}
&\frac{P_{max}}{\rho g H_i} = \exp\left(1.5 - \frac{z}{H_i}\right) \quad (0.3 \leqslant z/H_i \leqslant 3) \\
&\frac{P_{max}}{\rho g H_i} = 0.7\frac{z}{H_i} - 0.11 \quad (0.1 \leqslant z/H_i < 0.3) \\
&\frac{P_{max}}{\rho g H_i} = 2.1 \quad (z/H_i < 0.1)
\end{aligned} \tag{9.5}$$

式中，z 为测压点到礁面的垂直距离；P_{max} 为最大压力值。

9.3 人工采掘活动影响下的珊瑚礁海岸水动力学

9.3.1 现场观测

文献中，Ford 等（2013）首次对马绍尔群岛马朱罗环礁南部附近的采掘坑进行了现场观测研究，对比测量了存在采掘坑与不存在采掘坑的两处相邻区域的波浪作用情况，发现在所有波浪条件下，存在采掘坑的岸线附近的平均波高相对于不存在的岸线稍有减少（减少约 8%），这归功于采掘坑造成的岸线附近低频长波能量的减少大于短波能量的增加；进一步分析发现，对于低频长波的影响取决于坑的几何形状、位置和波浪强度，并非所有采掘坑都会导致长波能量降低。

9.3.2 数值模拟

文献中，Yao 等（2016）首次采用 Boussinesq 模型对 Ford 等（2013）报道的马朱罗环礁某处采掘坑地形进行了数值模拟研究，证实了采掘坑的存在可以增加岸线附近短波波高和减少岸线附近的低频长波波高，发现低频长波的衰减与 1/4 和 3/4 波长的驻波共振模式被破坏有关；Yao 等（2016）同时进一步分析了采掘坑宽度与位置变化对波浪传播变形的影响，海岸线附近总波高随着采掘坑宽度的增加而增加，这是由于采掘坑引起的短波波高的增加超过了低频长波波高的减少；位于礁缘附近的采掘坑对海岸线总波高的影响最小，随着采掘坑位置从礁缘向海岸线移动，海岸线附近的短波波高和低频长波波高均有所增加。Klaver 等（2019）同样基于 Ford 等（2013）报道的珊瑚礁和采掘坑原型尺寸，运用 XBeach-NH 数值模型研究了礁坪上的采掘坑对沿礁波浪运动和礁后岸滩波浪爬高的影响，分析发现，采掘坑的存在造成礁坪上低频长波能量降低，进而导致海岸附近波高和岸滩爬高的减小；同时，波浪爬高随采掘坑与岸滩距离的增大和采掘坑宽度的变窄而减小。

9.3.3 物理模型实验

文献中，Yao 等（2020）同样以上述马朱罗环礁某处为原型，首次采用波浪水槽实验研究了礁坪采掘坑的存在对波浪运动的影响，并考虑了不同采掘坑宽度的情况，研究表明，海岸线附近的短波波高可能增加或减少，取决于入射波条件和采掘坑宽度，而到达海岸线的低频长波平均减少了约 10.5%；随着采掘坑宽度的增加，海岸线附近的低频长波波高显著降低，短波波高的变化则无规律；Yao 等（2020）随后分析了短波和低频长波的能量转化机制，短波能量变化取决于采掘坑周围波浪的反射、波浪破碎时的能量耗散、波浪非线性相互作用和采掘坑中的波浪共振；而海岸线附近的低频长波能量降低主要是由于采掘坑的存在破坏了礁坪上低频长波的共振模式和增加了坑周围波浪反射。旷敏等（2021）将 Yao 等（2020）的物理模型实验拓展到了研究采掘坑位置变化对沿礁波浪运动的影响，发现随着采掘坑位置朝岸线附近移动，岸线附近的短波波高逐渐减小；采掘坑的存在减弱了岸线附近的低频长波波高，当采掘坑位于岸线附近时，长波波高还受到局部水深增加的影响而进一步减弱。陈仙金等（2021）同样基于 Yao 等（2020）的物理模型设置，在礁坪上沿礁进行了高分辨率的波浪测量，分析了短波、低频长波、平均水位、波形参数和非线性参数的沿礁变化规律。研究表明，当人工采掘坑存在时，短波波高在坑前和坑内分别增大和减小，在礁后岸滩附近却无显著变化；低频长波波高在坑附近变化不大，在岸滩附近却略微减小；波浪的偏度和不对称度在坑附近分别减小和增大，而厄塞尔数在坑附近却几乎不变。

9.4 总结与展望

本章共分为两部分：第一部分综述了筑堤珊瑚礁上的波浪运动研究，主要包括防浪建筑物的存在对附近波浪和水流的影响、防浪建筑物堤顶越浪量的预测和防浪建筑物所受的波浪力分析，并在综合考虑多种水动力因素与礁形因素基础上提出了更适用于珊瑚礁地形的经验预测公式。该问题的研究有助于填补国内外相关领域设计规范的空白，优化结构设计以降低施工成本，为国家海岸工程建设提供技术积累。第二部分总结了人工采掘活动影响下珊瑚礁海岸的波浪运动研究，主要包括采掘坑的存在、宽度变化和位置变化的影响。研究普遍发现，采掘坑的存在可以增加海岸线附近的短波能量和减少低频长波能量，到达岸线附近的波浪能亦受到采掘坑宽度和位置的影响。对该问题的研究有助于评估存在人工采掘活动的岸线在极端波浪作用时的海岸洪水风险，为岛礁沿岸防灾减灾决策的制定和海岸带的管理提供理论参考。

今后有关工程影响下珊瑚礁海岸水动力学的研究可以重点关注以下两个方面。①尽管波浪是影响珊瑚礁海岸水动力过程的最重要因素，但在珊瑚礁环境中还存在潮汐、风、海流等因素的影响。因此，可在风、浪、流等复杂海洋动力因素共同作用下进一步研究工程活动影响下珊瑚礁海岸的水动力学问题。②天然珊瑚礁坪上存在沿岸流，礁坪上也可能存在多个采掘坑沿岸连续分布的情况，因此可通过设计三维港池实验来更真实地模拟此类海岸附近的波浪运动。

参考文献

陈松贵，张华庆，陈汉宝，等 . 2018. 不规则波在筑堤珊瑚礁上传播的大水槽实验研究 . 海洋通报，37（5）：576-582.

陈松贵，王泽明，张弛，等 . 2019a. 珊瑚礁地形上直立式防浪堤越浪大水槽实验 . 科学通报，64（28-29）：3049-3058.

陈松贵，陈汉宝，赵洪波，等 . 2019b. 珊瑚礁地形上胸墙波浪力大水槽试验 . 河海大学学报（自然科学版），47（1）：65-70.

陈仙金，姚宇，张起铭，等 . 2021. 人工采掘坑影响下珊瑚礁海岸波浪传播变形试验 . 海洋通报，40（2）：224-231.

贾美军，姚宇，陈松贵，等 . 2020. 防浪建筑物影响下珊瑚礁海岸波浪传播变形试验 . 海洋工程，38（6）：53-59，123.

旷敏，姚宇，陈仙金，等 . 2021. 采掘坑位置对珊瑚礁海岸波浪传播变形影响试验 . 热带海洋学报，40（4）：14-21.

Chen S G，Yao Y，Guo H Q，et al. 2020. Numerical investigation of monochromatic wave interaction with a vertical seawall located on a reef flat. Ocean Engineering，214：107847.

De Rouck J，Verhaeghe H，Geeraerts J. 2009. Crest level assessment of coastal structures- general overview. Coastal Engineering，56：99-107.

Etemad- Shahidi A，Shaeri S，Jafari E. 2016. Prediction of wave overtopping at vertical structures. Coastal Engineering，109：42-52.

Fang K Z，Li X，Liu Z B，et al. 2022. Experiment and RANS modeling of solitary wave impact on a vertical wall mounted on a reef flat. Ocean Engineering，244：110384.

Ford M R，Becker J M，Merrifield M A. 2013. Reef flat wave processes and excavation pits：observations and implications for Majuro Atoll，Marshall Islands. Journal of Coastal Research，288（3）：545-554.

Ford M，Merrifield M A，Becker J M. 2018. Inundation of a low- lying Urban atoll island：Majuro，Marshall

Islands. Natural Hazards, 91: 1273-1297.

Goda Y. 2009. Derivation of unified wave overtopping formulae for seawalls with smooth, impermeable surfaces based on selected CLASH datasets. Coastal Engineering, 56: 385-399.

Gourlay M R. 1996. Wave set-up on coral reefs. 1. Set-up and wave generated flow on an idealised two dimensional reef. Coastal Engineering, 27: 161-193.

Hoeke R K, Mcinnes K L, Kruger J C, et al. 2013. Widespread inundation of Pacific islands triggered by distant-source wind-waves. Global and Planetary Change, 108: 128-138.

Klaver S. 2018. Modelling the Effects of Excavation Pits on Fringing Reefs. Delft University of Technology Master Thesis.

Klaver S, Nederhoff C M, Giardino A, et al. 2019. Impact of coral reef mining pits on nearshore hydrodynamics and wave runup during extreme wave events. Journal of Geophysical Research-Oceans, 124: 2824-2841.

Liu Y, Li S W, Chen S G, et al. 2020a. Random wave overtopping of vertical seawalls on coral reefs. Applied Ocean Research, 100: 102166.

Liu Y, Li S W, Zhao X, et al. 2020b. Artificial Neural Network Prediction of Overtopping Rate for Impermeable Vertical Seawalls on Coral Reefs. Journal of Waterway Port Coastal and Ocean Engineering, 146 (4): 04020015.

Merrifield M A, Becker J M, Ford M, et al. 2014. Observations and estimates of wave-driven water level extremes at the Marshall Islands. Geophysical Research Letters, 41: 7245-7253.

Storlazzi C D, Gingerich S B, Dongeren A V, et al. 2018. Most atolls will be uninhabitable by the mid-21st century because of sea-level rise exacerbating wave-driven flooding. Science Advances, 4: eaap9741.

van der Meer J W, Bruce T. 2014. New physical insight and design formulas on wave overtopping at sloping and vertical structures. Journal of Waterway Port Coastal and Ocean Engineering, 140: 1-18.

van der Meer J W, Verhaeghe H, Steendam G J. 2009. The new wave overtopping database for coastal structures. Coastal Engineering, 56 (2): 108-120.

Wen H J, Ren B, Zhang X, et al. 2018. SPH modeling of wave transformation over a coral reef with seawall. Journal of Waterway Port Coastal and Ocean Engineering, 145 (1): 04018026.

Yao Y, Becker J M, Ford M R, et al. 2016. Modeling wave processes over fringing reefs with an excavation pit. Coastal Engineering, 109: 9-19.

Yao Y, Jia M J, Jiang C B, et al. 2020. Laboratory study of wave processes over fringing reefs with a reef-flat excavation pit. Coastal Engineering, 158: 103700.

第10章 人工礁与生态防浪设施

10.1 引　言

人工礁（artificial reef）是一类人为设置在水下的结构物。中国早在距今2000年左右的春秋战国和汉代的“罧业”中就出现了在河道投木、垒石可以增加渔获的记载，这些都是人工礁的原始雏形（杨吝等，2005）。现代人工礁的技术起源同样可以追溯到几百年前的中国以及日本、希腊等多个沿海国家，其最初的共同目的都是诱集鱼类、增加渔获。所以在早期，国际上人工礁也常被称为人工鱼礁（artificial fish reef）或人工栖所（artificial habitat），尤其是在我国，人工礁直接被定义为“利用鱼类等水产生物喜欢聚集于礁石和沉船等物体的习性，以达到对水产生物的渔获量增加、作业效率化和保育的一种渔业设施”（陈丕茂等，2019）。较早的人工礁体结构往往取自当地的天然材料，如树枝和树干等木材或具有复杂结构的岩石等，这类人工礁主要分布于内陆的河湖以及部分海岸带。第二次世界大战后，人们在太平洋中的大量沉船和被击落的战机周围发现了大量聚集的鱼类（Seaman，2019），因此在缺乏天然材料的海岸，人们会采用一些废弃的轮胎、船舶、汽车、海洋平台或陆地建筑物废墟留下来的钢筋混凝土作为替代材料。通过长期的海岸工程实践发现，传统材料堆积而成的人工礁体模块会面临海水腐蚀、风浪侵蚀和环境污染等问题，因此近年来研究人员针对海洋环境开始设计制造不同材料与构型的新型礁体。随着研究的深入，人工礁也不再局限于是一种渔业设施，而在改善水质（Antsulevich，1994；Jiang et al.，2016）、冲浪娱乐（Mendonça et al.，2012）、滨海和栖息地保护（Ranasinghe et al.，2006；Ten Voorde et al.，2009）等方面都得到了广泛应用。因此关于人工礁的定义也得到了进一步扩展，在《东北大西洋海洋环境保护公约》（OSPAR）中，人工礁被定义为有意放置在海底的水下结构物，以模仿实现天然礁石的某些特性。在潮汐的某些阶段，它可能会部分露出水面。美国佛罗里达大学渔业与水产科学系创始人之一Seaman教授（Seaman，2019）将人工礁定义为“由天然或人造材料建造的底栖结构物，被部署在世界各地，用于保护、增强或恢复海洋生态系统的组成部分”。从其定义可以看出，现代人工礁主要有两大特征：一是它们一般都是被人为有意部署在海底的结构物；二是能够像天然礁石一样改变海洋环境，使其更有益于人类或者其他海洋生物。目前，这类人工礁技术正逐步从东亚、北美推广到世界各地的沿海国家，包括中美洲和南美洲、印度—太平洋海域、北欧乃至非洲部分地区。

南海珊瑚岛礁是我国宝贵的蓝色领土，关系到国家主权的核心利益。为了推进“海上丝绸之路”建设和“海洋强国”战略的重大需求，近年来，我国以南海岛礁为依托逐步牵引推进南海渔业、旅游等资源的利用（许强等，2018）。但由于南海是我国台风、海啸等自然灾害频发的高风险区，南海岛礁面临更为巨大的挑战。现代人工礁在海洋生境修复、海岸侵蚀防治和滨海娱乐休闲等方面具有广阔的应用前景，尤其是对我国南海岛礁具有重要的现实意义。但目前国内关于人工礁的研究多以促进渔业资源增殖的人工鱼礁为主，在海岸防护、海洋娱乐等领域的结构设计和工程应用相较于国外而言还缺乏经验。

本章的主要目的是从人工礁的选材和结构设计、水动力特性和生态效应研究以及工程应用三个方面入手，综述人工礁在国内外的发展现状，在应用方面，介绍了几种生态防浪设施的工程案例，并对人工礁未来的发展趋势进行展望，以期为中国今后人工礁的研究和应用等方面工作提供借鉴与思考。

10.2 人工礁的选材和结构设计

10.2.1 天然材料制成的人工礁

早在千年以前，捕鱼人就发现在捕鱼后留在水下的岩石工具或者是沉没到河道中的大型树枝附近都有鱼类聚集，并且随着时间推移渐渐变成了鱼类栖息地（Riggio et al., 2000）。这类由天然材料为基础形成的鱼类栖息地没有固定的构型，而且大多都是人类偶然行为的结果。在中国明朝嘉靖年间（1522—1566 年），现在广西北海市一带沿海渔民就已经学会了制造竹篱并将其放置在海中来诱集鱼群，进行捕鱼作业。这些竹篱通常是用 20 根大毛竹插入海底，同时在间隙中投入石块、竹枝和树枝等，实际上这就是现代早期的人工礁雏形。到了清朝中期，渔民向海中投放破船、石头和竹木栏栅等障碍物，形成了传统的打渔作业（杨吝等，2005；王磊，2007）。这类由人类有意识地使用天然材料制造并布置在水下的人工礁结构同样出现在 18 世纪末的日本（Lima et al., 2019），渔民们将竹木、石块和土袋等未经处理的天然材料构成的人工礁沉没于海中以诱集鱼类。虽然这些人工礁仍保留了最原始、最简单的构造形式，但却为现代人工礁的原始构型打下了基础（图 10.1）。

10.2.2 废弃载具和轮胎制成的人工礁

第二次世界大战前后，美国人发现被击落的飞机和沉船附近出现了聚集的鱼类（Seaman, 2019）。考虑到人工载具有一定的内部空间与复杂的构型，非常适合海洋生物的附着与生存，因此人们开始广泛地将退役的载具、废弃的石油钻井平台和建筑残骸沉入海底以作为人工礁来吸引海洋生物和改善海洋生态环境，实现了废物利用，有的地方甚至成为了潜水爱好者的旅游胜地。

图 10.1　天然材料制成的人工礁（Shaw，2006；Nelson，2018）

废弃的轮胎因为其材料不具备生物降解性且不可压缩，在收集和处理过程中给人们造成很多麻烦。除了少量被制成工艺品和日常设施的辅助结构，其他大部分废弃轮胎聚集在一起成为一种占用陆地空间资源的废弃物。考虑到这种难被生物降解的材料在海洋中不容易损坏，因此将废弃轮胎组成各种构型作为人工礁体模块沉入海中，为废弃轮胎的处理提供了一个生态适宜的解决方案。这种人工礁还被称为轮胎礁，曾一度被认为是创造鱼类栖息地的一个很好的解决方案（图 10.2）。

图 10.2　废弃坦克和废弃汽车作为人工礁（Subcommittees et al.，2004）

美国的奥斯本轮胎礁是一个著名的轮胎礁项目，1972 年，BARINC 人工礁公司提出了一个解决佛罗里达州废旧轮胎问题的方案。在佛罗里达州劳德代尔堡（Fort Lauderdale）海岸外建造一个人工珊瑚礁，使用这些废旧轮胎作为珊瑚生长的材料。他们希望更多的珊瑚生长可以吸引渔民猎鱼，同时还可以解决橡胶废弃问题，清理超过 200 万个废弃轮胎。

BARINC 在海底放置了直径 50ft[①] 的混凝土千斤顶，作为珊瑚礁的基础，轮胎用尼龙带或钢夹捆在一起，扔在千斤顶上。在项目完成时，200 万个轮胎被放置在离岸约 7000ft 的海底。

不幸的是，没过多久，这一人工礁项目的问题就开始出现。在放置轮胎的过程中，虽然大多数都是用尼龙带或钢夹绑在一起，但这些约束装置最终会随着时间变化而失效，直接导致超过 200 万个轻型轮胎发生松动。这种松动会导致轮胎上原本生长的海洋生物被摧毁，并彻底阻止了其他新生物的附着生长。此外，受佛罗里达州东海岸热带风暴的影响，这些松散的轮胎甚至会与不远处的天然珊瑚礁发生碰撞，不仅起不到重建生态栖息地的作用，还会对原本的天然栖息地造成损害。因此，美国民间组织和政府都开始计划对原本的轮胎礁进行拆除，但巨额的费用和其操作困难性导致拆除进度缓慢。直至后来在军方的介入和工业潜水员的共同努力下，轮胎礁才开始被有序拆除。至今为止，还有超过半数的废弃轮胎在海底等待被打捞上岸。

在美国之前，类似的珊瑚礁在世界其他地方已经存在。马来西亚、非洲、印度尼西亚、澳大利亚和美国东海岸的几个州已经建造过人工轮胎礁。欧洲和东南亚许多国家也曾开启过轮胎礁项目（Seaman，2019）。但人们发现这些轮胎礁非但没有吸引到海洋生物，还导致附近海域部分原有的海洋生物消失。后来人们发现橡胶轮胎中包含一些危险元素，如铅、铬、镉和其他重金属，会在海洋中释放出来，对人体健康和环境造成威胁，同样也不利于海洋生物生存。于是，这些国家又开始打捞之前放置到水下的废弃轮胎。从目前进展来看，想要恢复当地海域的原有生态，还需要一定时间。

10.2.3 混凝土材料制成的人工礁

相比橡胶材料的轮胎而言，混凝土材料可以制作成一次性浇筑的礁体或装配组合礁体，同样能够在海中长期存在，具有很强的可塑性，而且对自然环境非常友好，在其构型多样性方面更具优势。所以很多临海的国家采用特别设计的混凝土构件来制成人工礁体模块。礁球（reef ball）是一种使用较为广泛的混凝土人工礁模块，这种模块是由带孔的壳体结构构成，可以根据不同的水产养殖需求定制模具，并通过使用模具轻松经济地实现现场制造，而且其布置方便，不需要驳船和起重机，被广泛用于海岸地带，起到水产养殖、珊瑚移植甚至保护海岸带的作用（Harris，2009）。除了礁球模块，东亚国家多采用箱型的混凝土人工礁结构来增加鱼获，韩国渔民就使用了一种边长为 3m 的混凝土正方体模块，针对不同的鱼类设计了特殊的内部结构以满足其不同的行为偏好（图 10.3 和图 10.4）。

纯混凝土材料的结构往往刚性不够，受到极端天气冲击容易被破坏，导致结构内部坍塌，原本形成的生物栖息地毁于一旦。考虑到纯钢制材料刚性好，但经济性较差且易腐

---

① $1ft=3.048\times10^{-1}m$。

图 10.3　混凝土加钢材制成的人工礁（Seaman，2019）

图 10.4　放置在海底的礁球（Harris，2009）

蚀，因此，人们设计制造了许多混合材料的人工礁模块。日本的工业制造商使用了钢、玻璃纤维和混凝土等材料制成新型的人工礁模块，这种模块是世界上最大的人工礁模块之一，高 35m，宽 27m，体积可达 $3600m^3$。西班牙采用重型混凝土和钢棒组合设计而成的人工礁，可以有效地保护海草床免受非法拖网捕捞。

10.2.4　玄武岩纤维材料制成的人工礁

为进一步避免钢材的锈蚀影响，提高人工礁的结构耐久性，兼具轻质、高强度、耐腐蚀等材料特性的玄武岩纤维材料被作为筋材加入到人工礁中。玄武岩纤维最早于 20 世纪 60 年代在苏联发展起来，随后其他发达国家也对玄武岩纤维开展了持续性研究和产业化发展。经过几十年的研究发现，玄武岩纤维材料在海水环境中的降解程度较低，适合在海洋环境中应用，将其与聚合物复合材料相结合还可以增强其力学性能。通过实验室研究以及在我国三亚蜈支洲岛热带海洋牧场的实际投放应用结果显示，这类将玄武岩纤维材料作为筋材制成的人工礁在海水腐蚀作用下的耐久性要优于钢筋混凝土，能有效解决海洋环境下混凝土结构的腐蚀、远海岛礁建设材料短缺等问题，还大大降低了成本，尤其在主动种植和修复珊瑚礁系统中的实际应用效果显著（高琪，2020）。

10.2.5　石灰岩材料及发电系统制成的人工礁

随着材料科学和制造技术的进步，传统的人工礁设计在经济性、环保性和稳定性等方面获得了全方位突破，如生态岩电礁（biorock electric reefs），这类人工礁通过低压电解海水使得溶解在海水中的石灰岩矿物生长在钢结构表面上，进而使其免受腐蚀。随着时间的推移，其表面的石灰岩结构会变得更加坚固并且具有自我修复能力，比纯混凝土或岩石海堤更经济，在海岸保护和海滩生长方面效果更好。同时，也因该项技术衍生出一种新的海滩恢复方案——生态岩电礁海岸保护，这种方案能以较快的速度恢复海滩，相对于传统方案而言成本更低，材料更少，更有利于海滩环境。生态岩电礁电解海水所需的电力是安全的特低电压（extra-low voltage circuit，ELV）直流电，由变压器、充电器、电池、太阳能电池板、风力发电机或波浪能发电机提供（根据现场哪种电源最具成本效益来选择）。Goreau 和 Prong（2017）通过在被严重侵蚀的海滩前布置生态岩电礁，成功恢复了当地海洋生态系统和被侵蚀的海岸。这类人工礁的成本要远低于传统的海堤或防波堤，而且工作原理也有所不同，是一项在保护侵蚀海岸、恢复渔业栖息地等方面具备较高成本效益的技术（图 10.5）。

图 10.5　生态岩电礁（Goreau and Prong，2017）

10.2.6　3D 打印混凝土人工礁

除此之外，以 3D 打印技术等先进制造工艺为基础，针对不同海洋生物种群特性或人类需求而定制化设计制造的人工礁也将逐渐成为主流。土木工程实践中，在机械臂或龙门架的辅助下，可通过连续沉积混凝土浆液的方式来实现分层打印制造复杂的三维结构，这种 3D 打印混凝土是一项具有良好发展前景的技术。2017 年，地中海和马尔代夫的项目首次使用了 3D 打印混凝土人工礁（表 10.1）。此外，在欧洲国家，也推出了该项技术。3DPARE 是一个聚集了由法国、葡萄牙、西班牙和英国合作，以设计并制作 3D 打印混凝土人工礁为主的项目。该项目设计制造的人工礁主要布置在北大西洋海域，实践证明，这类人工礁与海洋环境兼容性好，具有较少的环境负面影响，而且能够有效抵御风暴和海水腐蚀（图 10.6）（Ly et al.，2021）。

表 10.1　人工礁材料和结构的发展

时间	材料	构形	实例
中国古代时期、日本 18 世纪末	天然材料（石块、竹木、土袋等）	竹木栏栅、土石堆	明朝嘉靖年间广西北海渔民制造的竹木礁
第二次世界大战前后	废弃载具、轮胎	船舰、坦克、汽车、捆绑轮胎	奥斯本轮胎礁、科迪亚克女王号船舰
20 世纪 60 年代	玄武岩纤维材料	正方体框架	玄武岩复合筋人工礁
20 世纪 70 年代	混凝土材料	一次性浇筑混凝土礁体、装配组合礁体	礁球、箱型混凝土人工礁
2010 年后	石灰岩材料和发电系统	任意大小形状，可渗透、多孔	生态岩电礁
2017 年	3D 打印混凝土	棱柱状	3DPARE

图 10.6　3D 打印的水下人工礁石（Ly et al.，2021）

总体而言，人工礁的设计呈规范化、环保化和多样化的变化趋势，为了最大化提高人工礁设计的实用价值，需要基于人工礁的水动力特性、生态效应等内容对其关键设计参数进行深入研究，包括结构形式和尺寸、材料组成和配比以及布放位置和数量等。在 10.3 节，我们将对人工礁在这些方面的主要研究成果进行综述。

10.3 人工礁的水动力特性和生态效应研究

自现代人工礁的概念被提出以来，全球关于人工礁的研究文献逐年递增，国内外学者从文献分析的角度对近六十年来与人工礁相关的研究论文进行了充分调研（Lima et al.，2019；张灿影等，2021），他们发现人工礁的研究涉及生物群落构成、礁体结构和材料、水动力学、物理、化学和地貌海洋学、社会经济效益评价以及相关法律法规等多个方面。本节从人工礁的水动力学特性和生态效应两个角度来对其主要研究成果进行综述。

10.3.1 水动力学特性研究

由于人工礁被布置在水下，礁体突出海床表面，改变了原有的海洋地貌，礁体附近的海洋环境也会发生一定变化。对人工礁水动力学特性进行充分研究，将能更好地指导人工礁的结构设计和应用。以渔业养殖为例，礁体附近能否产生上升流、背涡流等复杂流态对海洋渔业生产具有重要意义。这些流场效应不仅能够促进附近海域上下水层的营养物质交换，还能通过大量的旋涡存在为鱼类提供可以安全栖息的环境（Baine，2001）。不光是渔业养殖，对人工礁的水动力特性开展研究，无论是对海洋生物栖息地的保护还是对滨海的人类活动都有重要意义。

从定义可以看出，人工礁的设计制造往往会以天然礁作为参考和对照（Harriso and Rousseau，2020），对于天然礁的水动力学特性研究一般分为现场观测、理论模型分析、物理模型实验和数值模型仿真 4 种方式（姚宇，2019）。考虑到成本问题，目前关于人工礁的水动力特性一般通过物理模型实验或数值模拟方法来进行仿真研究。

1. 物理模型实验

物理模型实验法即将人工礁置于具有稳定流速的水槽、水池或风洞中进行实验测试，以此对由礁体结构本身产生的流体力学特征进行定量分析。国外的学者通过物理模型实验对人工礁的流场效应进行了研究。例如，Kim 等（1995）通过物理模型实验方法研究了波浪对人工礁底面的侵蚀作用和礁底沉陷问题。结果表明，礁体的形状是影响海底侵蚀的重要因素，人工礁周围流场的湍流作用导致它与海底接触面变窄，造成人工礁下沉。Srisuwan 和 Rattanamanee（2015）介绍了一种被称为 Seadome 的新型半球形混凝土人工礁［图 10.7（a）］，通过 2600 多项实验测试对其在近岸区用于海岸保护的消浪能力进行了评估，研究表明，由 5 排沿岸方向布置的 Seadome 阵列可以达到 20% ~ 80% 的消浪效果，Seadome 阵列对波高衰减的能力几乎与相对结构物高度（结构物高度与水深的比值）和波陡成正比，并随着相对波长（波长与结构物宽度的比值）的增加呈指数下降。Lokesha-Sannasirai 和 Sundar 等（2019）为了检验穿孔对暴露于规则波和随机波的水下人工礁的影响，在浅水波浪水槽中进行了一系列实验工作，以评估穿孔和未穿孔的水下人工鱼礁单元的水动力学特性；他们分别在 3 种不同水深下进行实验，着重讨论了相对水深、相对波峰宽度以及结构表面性质（不透水或透水）对结构水动力性能的影响；发现在规则波和随机波作用下，未穿孔模型的透射系数和反射系数均大于穿孔模型。

关于人工礁水动力学的物理模型实验，国内的许多学者也做了大量详细和深入的研究工作。人工礁产生的上升流和背涡流，有利于海水上下层交换，并提高海水生产水平，改善海水环境，从而促进渔业发展。因此，研究上升流和背涡流特性及其引起的各种生态环境要素变化之间的定量关系，将有利于人工鱼礁的建设和发展。张硕等（2008）通过水槽模型实验，对 6 种不同形状的混凝土实心礁体进行了上升流特性研究，并对上升流规模进行了定量分析，最终得出上升流速度、高度和宽度与礁体之间的相互关系。刘洪生等（2009）通过风洞实验研究了不同流速下正方体、金字塔和三棱柱三种不同类型人工鱼礁单体和不同组合正方体模型的流场效应，结果表明，模型迎流面和背流面分别产生的上升流和背涡流的规模随着来流速度的增大而增大；在相同的来流速度下，空心模型的上升流和背涡流规模较实心模型小，空心模型的背涡流回流速度随模型空隙率的增大而减小；不同模型垂向湍流强度均大于水平向；对于组合模型，随着来流速度的增大，中心点流速均逐渐增大。

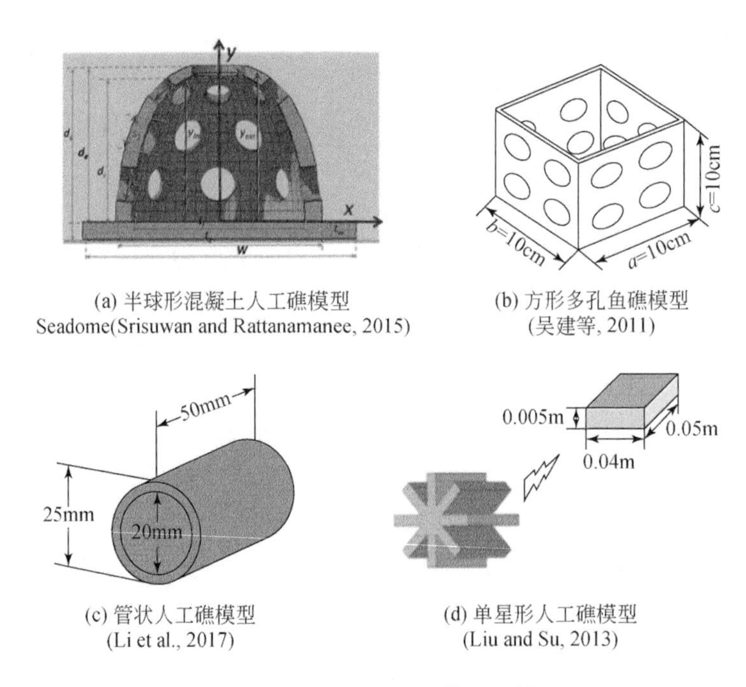

(a) 半球形混凝土人工礁模型 Seadome(Srisuwan and Rattanamanee, 2015)

(b) 方形多孔鱼礁模型 (吴建等, 2011)

(c) 管状人工礁模型 (Li et al., 2017)

(d) 单星形人工礁模型 (Liu and Su, 2013)

图 10.7　人工礁物理模型示例

物理模型实验还是识别海滩演化基本过程及其相互作用的重要手段。为了更好地了解人工礁在海滩保护中的水动力作用，吴建等（2011）通过断面波浪模型实验，研究了单排方形多孔人工礁［图 10.7（b）］的消浪效果和对水质点运动轨迹的影响，通过对水槽中人工礁前后断面水质点水平速度和周边岸滩地形的测量，发现人工礁对波浪破碎、波面形态和波高消减有显著影响，人工礁还能使礁体周围的底层泥沙向岸侧输移，对悬浮及底层泥沙沉积于滩面及滩肩起到较好的作用。Ma 等（2020）参考中国秦皇岛西滩海滩的实际情况，在波浪水槽中进行了一系列物理模型实验，研究了不同波浪条件下人工鱼礁对海滩附近水动力过程及海滩形态演变的影响。研究发现，在不规则波浪条件下，人工鱼礁显著降低了入射波能，同时还显著改变了水动力因素（显著波高、波浪偏度和不对称性等）的变化特征，并导致了波浪变浅区和破碎带的迁移。该研究证明，人工鱼礁的存在不仅减少了近海沉积物的运动，同时对海滩起到了重要的保护作用。

粒子图像测速（particle image velocimetry，PIV）是一种用于测量瞬时速度场和研究流场特性的强大技术，它具有对流场无干扰的显著优点，测试结果能够准确反映实际流场的特征，近年来已被应用于人工礁模型和网箱周围的流场分析。为了摸清人工礁周围的流动状态，使布置更加合理，提高生态效果，降低造礁成本，Jiao 等（2017）基于粗糙度相似准则，建立了管状人工礁模型［图 10.7（c）］，研究了不同数量礁体对流场的影响。研究发现，上升流的强度和规模与其高度和面积相关，随着珊瑚礁数量的增加而加强；背涡流的规模和强度通过涡的长度和面积来衡量，其规模和强度也随着珊瑚礁数量的增加而增强。Liu 和 Su（2013）将单星形的人工鱼礁模型［图 10.7（d）］排列在一个循环开放水槽中进行物理模型实验，分析了入口水流和布置方式对单星形人工鱼礁附近流场的影响。发现上升流和背涡流是单星形人工鱼礁附近水流产生的主要流动特征；上升流和背涡流的规模和强度随着人工鱼礁的高度和入射流面积的增加而增加。

2. 数值模拟方法

在 Fujihara 等（1997）首次通过数值计算得到了鱼礁流场上升流的分布范围及特征后，数值模拟方法在人工礁领域得到了很大的发展。后来国外的研究学者相继通过数值模拟方法对人工礁的水动力特性做出研究。Düzbastilar 和 Sentürk（2009）采用基于雷诺平均的 Navier-Stokes 方程结合标准的 k-ε 湍流分析了不同波况、水深、海床坡度对两种人工礁稳定性的影响，并对礁体的安全性进行了评估，确定了人工礁的安全重量和投放水深范围，研究结果为实际工程中提高人工礁的性能和使用寿命提供了一个重要的参考。Clauss 和 Habel（2000）通过数值模型和实验研究相结合的方法，分析了水下滤波器（submerged wave filters）对水动力特性的影响，主要对影响参数包括孔隙度、过滤器高度和数量、过滤器距离以及波高和周期进行了评估与量化。最后结合数值模拟和实验结果，可以设计出有效保护海岸的人工鱼礁设计方案。

随着对人工礁水动力特性深入的研究，国内的研究人员也不断地为人工礁的改进进行了理论和实验研究。例如，Miao 和 Xie（2007）通过数值模拟方法研究了水深对人工礁阻水效应的影响，结果表明，阻水效应受水深影响显著，水深越小，人工礁阻水效应越强；此外，对人工礁长期阻水效应预测结果表明，人工礁阻水效应随着水深和礁高比的减小而增强。因此，在浅水人工礁结构设计中，考虑水深对人工礁水动力的影响是至关重要的。Liu 等（2012）运用 RANS 结合改进的 k-ε 湍流模型进行了复杂的三维非定常湍流模拟，研究了空心立方体人工礁内部和周围的流场［图 10.8（a）］，采用了定性和定量分析方法，发现不同入口流速和布局下的数模结果均呈现出与 PIV 实验数据相同的上升流和背涡流；当礁体高度与水深之比在 0.2 左右时，可获得较好的单位人工礁效果。

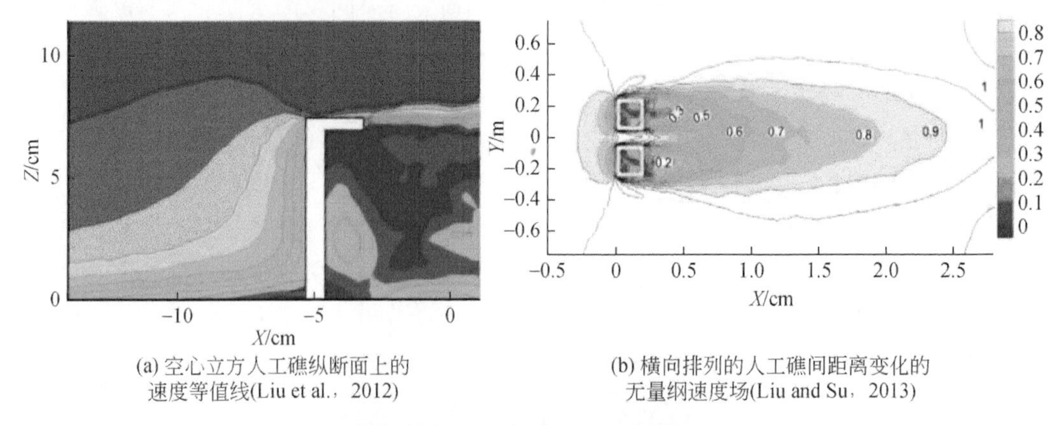

(a) 空心立方人工礁纵断面上的速度等值线(Liu et al.，2012)

(b) 横向排列的人工礁间距离变化的无量纲速度场(Liu and Su，2013)

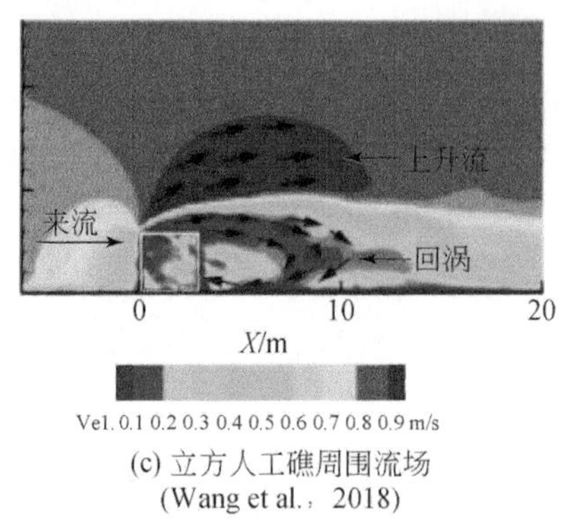

(c) 立方人工礁周围流场(Wang et al.，2018)

图 10.8　人工礁水动力数值模拟示例

流动湍流结构特征是礁体附近水动力特征的重要组成部分，根据人工礁的形式和建造目的，可以使用不同的方法来评估其性能。Liu 和 Su（2013）采用 RANS 结合 k-ε 湍流模型研究了礁体布局变化对礁体周围流场的影响［图 10.8（b）］；研究结果表明，礁体应适当分离并以平行于水流方向的方式布置，这种部署方案可以节省人工礁建设费用，促进渔业保护；在确定流场物理参数与鱼类聚集效应关系的前提下，借助数值模拟技术可以创建理想的人工礁流场；虽然这类问题的研究仍处于起步阶段，但该研究表明，流场数值模拟技术是优化人工鱼礁设计和部署的可行工具。Wang 等（2018）基于 RANS 研究了孔隙率、孔隙形状和孔隙数量对立方体人工礁流场的影响［图 10.8（c）］；结果表明，上升流速受上述三个因素影响较小。孔隙数量和孔隙率对上升流速和回涡大小影响较显著，而孔隙形状的影响最小。合理的孔隙数量和孔隙率配置可以增强上升流场和背涡场，而过多的孔隙率或孔隙数量反而会削弱它们。Zhou 等（2022）采用大涡模拟研究了在不同攻角（attack angle）、开口比、入射角和中心间距时单梯形人工礁和双梯形人工礁周围的水动力特性以它们上升流区和尾流区的水流特征，发现随着攻角和开口比的增加上升流区和尾流区指数逐渐减小，与单梯形人工礁相比，双梯形人工礁的上升流区和尾流区指数增加，随着两礁中心间距的增加，两礁间的流动干扰减弱，上升流区指数减小。

10.3.2 生态效应研究

人工礁的生态效应研究一直是人工礁研究的重点内容之一，包括人工礁的鱼类增殖效果、生物群落构成以及生态修复等问题。

1. 鱼类增殖效果

对于人工礁能够促进鱼类的增殖，学术界最初主要有两个假说，吸引假说和生产假说。其中吸引假说指出，人工礁附近生成的生物群落来自附近天然礁，不会增加当前海域的海产（Bohnsack，1989；Smith et al.，2015），即人工礁的主要功能只是吸引同海域其他地方海洋生物聚集，但不能增加生物的产量和质量，而生产假说认为，人工礁通过增加水生环境中必要的营养物质，提供了额外的栖息地，增加了环境承载能力，进而增加了鱼类个体和物种的数量。通过对海洋生物行为研究揭示的许多机制解释了人工礁对鱼类的吸引力。然而，已证明的吸引机制并不能完全否定生产假说，鱼的被吸引行为可能是由于某种选择性优势（如更快的生长、更多的生存和繁殖）而增强的（Lindberg，1997；Brickhill et al.，2005）。

近期，日本学者为了提高渔业的生产，同时利用林业和牡蛎渔业废物，在日本三津湾的贫营养海湾部署了三种类型的人工木材礁（artificial timber reef，ATR）——由简单木材、来自当地牡蛎养殖场的牡蛎壳和来自森林的树叶或树枝木材建造，性价比高、环境友好。Alam 等（2020a，2020b）开发了一个食物网模型来研究 ATR 与裸露的沙质海底的对比效果，通过观测数据获得的捕食和被捕者的生物数量发现，添加了 ATR 的地区相较于裸露沙质海底的鱼类生物数量得到了显著增加，ATR 的复杂结构和额外的材料还为幼鱼提供了庇护，并伴随着生物附着在该结构上，新的海洋生物群落会在三个月内迅速发展。此后，更高营养水平的动物同样可以在 ATR 结构内猎取到食物。综上所述，人工木礁部署在贫营养海湾中，不仅渔业资源产量得到了提高，还建立了一个能促进营养物再生的循环生态系统，使得人工木礁周围水域成为一个新营养源，这个发现对未来增殖贫瘠海域的渔业资源有着很大的帮助，也证实了人工礁的生产假说；同时，也证明单纯的研究鱼类增殖已经不能满足未来的人工礁发展趋势，关于人工礁的研究将越来越侧重于其群落结构或组成的变化，研究目的也从单纯的渔业资源增殖转向海洋生物群落构成。

2. 生物群落构成

通过世界各地的大量应用实例证明，人工礁对渔业资源增殖和海洋生态系统的修复都能起到积极作用，尤其是通过与天然礁进行对比，大部分人工礁随着布放时间的增长其附着生物种类和数量都能够达到与天然礁同样的水平（李勇等，2013），但其作用效果和稳定性还是各有差异，因此有必要深入研究影响其生物群落分布和构成的因素。其中，人工礁体结构形式是影响其生物群落结构的主要内因（Coll et al.，1998；Spagnolo et al.，

2014），礁体内部的布局直接影响生物的遮蔽空间，孔隙空间更小、结构更复杂的人工礁比类似的孔隙空间更大的人工礁具有更高的鱼类丰富度、物种丰富度和生物量（Sherman et al.，2002）。复杂的遮蔽空间使礁体结构中形成不同的光影效果和不同鱼类的庇护所，能够获得更好的诱集效果（周艳波等，2010；姜昭阳等，2019）。其他内因还包括礁体材料、部署面积和空间布局（Zalmon et al.，2014），它们对人工礁形成的生物群落中的生物多样性和丰富度都有一定的影响。例如，海胆、刺参、鲍鱼等主要通过礁体大小、数量以及光照度来选择礁体的形状；与藻类相比，岩礁性鱼类更喜欢待在表面积大且无孔的鱼礁模型中（田方等，2012）。20 世纪 90 年代末，在中国北方沿海广泛使用了以石块礁、混凝土礁（刘永虎等，2017）等简单结构为代表的礁型，来满足增殖刺参生长的需要。这类礁型表面积较大，可为底栖生物（如刺参）提供丰富的食物。相对于石块礁，米字形、箱体形鱼礁有更大的空间，而且复杂而镂空式的结构可以对礁体周围的流场产生显著影响，更加有效地促进礁体周围的水体交换，不但可以吸引更多的鱼类聚集，而且也便于在人工礁区域短时间停留休息（江艳娥等，2013）。栖息地的复杂性强烈地影响着礁鱼群落的组成，了解这种关系的潜在原因，对于评估人工礁生境作为海洋资源管理工具的适用性非常重要。Hackradt 等（2011）分析了天然礁栖息地结构对巴西南部海岸鱼类组合组成的影响，发现孔洞面积和数量越大的礁块具有更大的鱼类丰富度和丰度；礁块越复杂，鱼类的丰度就越高，占现有鱼类的近 30%。

除了这些由人工礁本身内因带来的影响，其部署海域的环境外因对其生物群落的构成也起到关键作用，这类环境外因包括水温、水深、盐度、溶解氧和酸碱度等。张伟等（2009）通过对深圳大亚湾人工鱼礁区 7 个月的挂板实验，同时监测一些环境因子指标，分析出人工鱼礁附着的生物与几种环境因子的相互关系，发现水深较浅的区域附着生物更多，海水透明度越高的区域，附着生物量也越多。同时，他们还发现盐度的变化对附着生物存在着显著的影响，盐度太低，不利于生物新陈代谢活动，使附着生物的生长受到限制。水温影响着生物群落中的庇护条件、食物资源、产卵栖息地，同样也是促进鱼类增殖的关键因素。Noh 等（2017）发现在高温季节，人工礁范围内的生物种类和数量有明显的提高。

10.4 人工礁的工程应用

人工礁最初的应用是诱集鱼类、形成渔场和增加鱼获，所以也常被称为人工鱼礁。后来人们发现这些人工鱼礁不仅可以诱集鱼类，还能为许多海洋生物提供庇护所，形成海洋生物栖息地。尤其是近年来，人工礁的应用逐渐广泛，并且不再局限在渔业生产和海洋生物多样性的保护上，其在海岸保护（Ranasinghe et al.，2006；Elsharnouby et al.，2012）、近海娱乐休闲（Cáceres et al.，2010；Kirkbride-Smith et al.，2016）、捕获海洋能（Lopes de Almeida，2017）等多个方面的应用也被人们发掘出来，接下来就现代人工礁的几个典型应用来进行综述。

10.4.1 人工鱼礁

人工鱼礁是人工礁最早被研究和应用的类型，自第二次世界大战以来，人工鱼礁已经从较单纯诱集鱼类的功能，拓展到生境保护和修复功能上，目标是渔业资源增殖和利用。国际学者曾将人工鱼礁改名为人工栖所，旨在扩大其功能范围（陈丕茂等，2019）。

欧洲的人工鱼礁大多数布置在地中海海域，其主要是用于渔业管理，即保护沿海地区或相对脆弱的生境免受非法拖网捕捞的影响，加强小规模渔业并减少不同捕鱼活动之间的冲突。大量人工鱼礁还被布置在东北大西洋海域，建造这些人工鱼礁的目的主要是《东北大西洋海洋环境保护公约》中提到的有关渔业保护和生产、生境保护和增强、研究和娱乐等需求。除此之外，还有少数人工鱼礁被布置在黑海。在这个地区，建设人工鱼礁也是为了恢复和养护生境，以减少由渔业养殖、工业排放和其他人类活动造成的海水富营养化和其他污染。同时，为了对人工鱼礁的使用和制造进行规范化管理，欧洲各国制定了一系列规定和公约来保护海洋环境免受不合适的人工鱼礁所带来的负面影响（Fabi et al.，2011）。

美国对现代人工鱼礁的研究和应用起步比较早，但由于政府初期投入较少，在早期多采用废弃的交通工具和建筑废弃物来建设人工鱼礁以节约成本，并且以发展滨海区域的休闲渔业为主。直到1984年《国家渔业增殖提案》的通过，美国国家渔业局和各州政府都开始出台人工鱼礁计划（张灿影等，2021），在计划实施过程中一些保护组织、私营企业和渔业部门对人工鱼礁的建设、维护和管理起到了重要作用（刘敏等，2017）。佛罗里达州的人工鱼礁项目是参与人工鱼礁开发的15个海湾和大西洋沿岸州中最活跃的项目之一。自20世纪40年代以来，超过3800个计划中的公共人工鱼礁被放置在佛罗里达州海岸外和联邦水域。近年来，每年有近100多个人工鱼礁被部署以应对渔业枯竭和栖息地的退化。佛罗里达鱼类与野生动物保护委员会的人工礁计划为沿海地方政府、非营利性公司和州立大学提供财政和技术援助，以建造、监测和评估人工鱼礁的建设和使用情况（Florida Fish and Wildlife Conservation Commission，2020）。

澳大利亚作为一个四面临海的国家，渔业资源非常丰富，其境内部署的人工鱼礁常被用来创造新的捕鱼和潜水机会，以降低某一热门地点被过度捕捞的压力。同时，为了避免一些不合适的材料对海洋造成污染，以及某些结构物在海底发生移动时对自然栖息地的破坏，澳大利亚政府机构为人工鱼礁的建造和部署出台了许多非常严格的规定与政策（Recfishwest，2020），以规范人工鱼礁的建设和管理。至2017年，已至少有150个人工鱼礁被部署在澳大利亚水域，在这些人工鱼礁范围内的鱼类种数大多得到了提高。

东亚国家人口密度大，建设人工鱼礁的目标大多是为了大规模增殖和捕获渔业资源。日本为了减少鱼产品的进口，确保其本国渔业的长期可持续发展，从20世纪50年代开始，由日本政府出面在其沿海水域部署人工鱼礁以增加鱼类种群。1975年出台《沿岸渔场整备开发法》，自此以后日本的人工鱼礁建设向更加制度化、标准化和规模化方向发展。

到80年代，日本开始了“海洋牧场计划”，重点研究如何将沿海和近海的鱼类变为人类较易获取与管理的资源。其中人工鱼礁的建设工作是该计划的关键一环（刘卓和杨纪明，1995）。韩国自1972年以来开始逐渐在其附近海域布置人工鱼礁。到2014年，仅济州岛和楸子群岛附近海域就部署了231 000个人工鱼礁模块，这些模块大多由混凝土和钢材制成，通过调整部署区域和模块构型可以满足不同鱼类种群的需要（Noh et al.，2017）。

中国关于人工鱼礁的研究应用最初主要集中在渔业养殖方面，虽然其历史可以追溯到古代，但中国真正意义上的人工鱼礁建设始于20世纪70年代末，1979年在广西北部湾开始了我国人工鱼礁实验研究（裴琨等，2020），之后沿海省份普遍开展了人工鱼礁实验研究。直至进入21世纪，广东等沿海省市才陆续开展大规模的人工鱼礁区建设（王强等，2017），大量的石块礁、混凝土构件礁、报废船只、钢结构等被投放入海，礁区的总空方量逐年上升。考虑到不同构型的人工鱼礁附近水动力特性与所产生的生态效应都有所区别，其对海洋生物群落种类的吸引效果也不同（李磊等，2018，2019；张硕等，2020；方继红等，2020）。因此根据南北方主要养殖的海产品种类不同，各自海域投放的礁体也各有特点。北方沿海省份多采用石块或简易混凝土充当礁体模块（Yu et al.，2020；Zhang et al.，2021），增殖对象多为海参、鲍鱼等海珍品种类（杨宝清等，2007）。而东部、南部沿海省份，常使用混凝土构筑的箱形礁体模块（李珺和章守宇，2010；刘畅等，2018），增殖对象以鱼类为主。为了我国渔业资源的持续增殖，国务院也多次发文提到要继续“加强人工鱼礁投放，加大渔业资源增殖放流力度”“建设现代化海洋牧场”等。为此，全国在人工鱼礁建设的基础上，建立了七批共153个国家级的海洋牧场示范区，为推进建设现代化海洋牧场，促进海洋生物资源养护与生态环境修复起到重要作用。表10.2为历年来各省份获批国家级海洋牧场示范区的数据，从表10.2中可知，山东和辽宁两个北方省份在海洋牧场建设方面起步较早且获批的示范区数量最多，其中青岛和大连两市所辖海域获批的示范区就有43个。南方各省份总体而言起步较晚，且获批示范区的数量不多。但从海南的数据来看，自2019年获批首个示范区以来，每年均有示范区获批，且呈上升趋势，这与我国近年来大力发展海洋经济的各类战略举措息息相关。人工鱼礁作为建设海洋牧场的重要基础设施，对其进行规范化管理是使其能够可持续发展的关键，近年来我国沿海各省份和农业农村部相继颁布了相关的法律法规，如《广东省人工鱼礁管理规定》《河北省水产局人工鱼礁管理办法》《人工鱼礁建设项目管理细则》等，这些相关规定能够确保人工鱼礁项目建设按质按量完成，也是我国人工鱼礁建设正逐步走向规范化、制度化的表现（李东等，2019）。

虽然中国在人工鱼礁建设方面取得了一定的成绩，但相对于美、日、韩等起步较早的国家而言，结构形式多以模仿为主，相关研究和管理经验还有所欠缺。目前国家加大对海洋牧场的投入是促进中国人工鱼礁事业发展的契机，也是让中国人工鱼礁建设和研究更加精细化、规范化和现代化的关键。

表 10.2 历年各省获批国家级海洋牧场示范区数据统计

年份	天津	河北	辽宁	山东	江苏	浙江	广东	广西	上海	福建	深圳	海南
2015	1	3	4	6	1	3	2	0	0	0	0	0
2016	0	4	5	8	0	1	2	1	1	0	0	0
2017	0	3	5	7	5	2	0	0	0	0	0	0
2018	0	1	5	11	0	0	2	1	0	1	1	0
2019	0	3	4	12	0	1	3	0	0	0	0	1
2020	0	3	8	10	0	2	0	2	0	0	0	1
2021	0	2	3	5	1	2	1	0	0	1	0	2
合计	1	19	34	59	7	11	10	4	1	2	1	4

10.4.2 人工冲浪礁

随着滨海娱乐设施的普及，滨海地区吸引了大量的游客，极大地带动了滨海旅游业的发展。冲浪是一项非常热门的水上运动，但热门的冲浪地点往往人满为患。有学者通过研究发现，适合冲浪的海域往往有着由天然礁构成的独特海底地形，因此他们尝试模仿这些天然礁的构造，在近岸的海底部署人工礁，以形成适合冲浪的环境，这类人工礁又被称为人工冲浪礁。

第一个人工冲浪礁于 1998 年建造在澳大利亚黄金海岸，被称为 The Narrowneck Reef。该人工礁由土工布沙袋堆砌而成，沙袋中共填充了近 20 万 m^3 的沙子。整体结构形似两条垂直于海岸线的山脊，两山之间有一条狭长的深谷。这条深谷能够提供激流，帮助冲浪者轻松返回到他们的冲浪起点。随着时间的推移，不断有沙子沉积到礁体周围，沙袋堆砌过程中产生的台阶逐渐被掩埋，冲浪条件也得到改善。Jackson 等（2005）通过为期四年的观测发现，这个人工冲浪礁不仅能吸引冲浪者，还能对岸滩保护和生态系统恢复起到一定的效果。

同样在澳大利亚，Cable Station 冲浪礁是以两种不同规格（1.5t 和 3t）的大型花岗岩建造而成（Bancroft，1999）。该冲浪礁被布置在一个原本不具备冲浪条件的地方，目的是探索人为创造良好冲浪波浪的可能性。自 1999 年 1 月开始施工，耗时 12 个月完成，总耗资 180 万澳元（Jackson and Corbett，2007）。实际数据表明，该冲浪礁每年能提供超过 150 天的冲浪波浪，并且这些波浪超过了预定的冲浪标准预期；尤其是在其礁体结构中的一些凹陷被石头填充后，其冲浪性能将进一步得到提高（Johnson，2009）。

相对于以上两个成功的人工冲浪礁案例而言，美国的 Pratte's Reef 往往被认为是一个失败的人工冲浪礁。该人工礁在 2001 年建造于美国的加利福尼亚州，初衷是修复因海岸开发对冲浪环境造成的破坏。但最终失败主要有两个原因，一是由于资金投入较少，礁体的初始总体积仅 1600m^3。正是由于规模小，入射波浪不会因该人工礁的存在而产生显著变化。二是其作为结构主体的土工布沙袋出现破损，导致沙子流失，让原本体积不大的人工礁体随着时间流逝越来越小，部分甚至直接被掩埋掉。因此虽然有冲浪者尝试在此处冲浪，但他们发现该地并不能产生足够的优质冲浪波浪（Johnson，2009）。

人工冲浪礁这类人工礁体结构在某种程度上类似于潜堤，但区别在于人工冲浪礁的主要目的不是为了耗散足够的波浪能量以保护海岸线，而是要为冲浪者提供优质的冲浪条件。通过上述实例表明，人工冲浪礁的礁体结构设计对其实用性效果影响很大，考虑到其建造成本不菲，为了节省开支，研究人员往往会借鉴天然冲浪礁的结构特征来进行人工冲浪礁的设计，通过水动力特性研究得到验证后才会考虑让施工方案落地（Ten Voorde et al.，2009；Cáceres et al.，2010；Mendonça et al.，2012；Oertel et al.，2012）。

10.4.3 生态防浪设施

传统防波堤大多是采用岩石或混凝土制成，这类防波堤的优势是完成建造后就能够马上投入工作，对海岸带起到良好的防护效果，但它的缺点在于施工要求高、透水性差且基本不具备生物相容性，往往导致掩护水域水质下降，对生态生境造成不利影响，且因结构粗壮，不利景观。由红树林群、珊瑚礁、盐沼地和海草床等组成的生物海岸对海岸的保护同样起到重要作用（Narayan et al.，2016；Reguero et al.，2018；旷敏等，2021），但随着人类活动的增加，这类生物海岸逐渐退化，带来的连锁反应使原本的滨海生物栖息地一同遭受破坏（张小霞等，2020）。目前，针对正在退化的生物海岸，人工礁是其生态重构过程的重要工具。有研究学者提出一种混合型的人工礁（Sutton-Grier et al.，2015），这类人工礁往往具有传统防波堤的优势，又兼具能提供吸引海生生物附着与生长的场所，以形成环境友好型的生态防浪设施。下面介绍几种有关生态防浪设施的工程案例。

1. 牡蛎礁防波堤

牡蛎礁是一种持久牢固的三维结构，可以衰减海浪、捕获沉积物，并随着海平面上升而有弹性地生长。此外，它还提供了额外的生态系统服务功能，如充当鱼类和当地无脊椎动物的栖息地并改善水质。Chowdhury 等（2019）评估了一种异于一般牡蛎礁的人工礁体结构——牡蛎礁防波堤。它采用混凝土作为基材，相比使用贝类衍生材料制成的牡蛎礁要更加坚固；同时，其结构设计也为新牡蛎的生长和发展提供了空间。为了研究牡蛎礁防波堤对沿海生态系统的影响，他们在孟加拉国进行了一项现场实验，将三个防波堤和收集的牡蛎布置于孟加拉国东南海岸 Kutubdia 岛的侵蚀性潮间带泥滩，收集了礁体结构对波浪的消散、海岸线剖面的变化、侵蚀-沉积模式以及盐沼的横向运动和相关生长的数据，分析发现牡蛎礁防波堤可以成功地降低入射波浪高度，并能在潮间带的泥沙运动中保持很好的稳定性，可以减少侵蚀、截留悬浮泥沙；此外它们还促进了邻近盐沼植被的生长，支持盐沼向海岸的扩张，从而进一步稳定了邻近未固结的沉积物。这种礁体结构为新的牡蛎提供了空间，作为生物生长和发展的栖息地，久而久之形成了一个自给自足的牡蛎礁防波堤。在孟加拉国沿海，牡蛎的幼虫供应丰富，生态工程防波堤结构有望为亚热带海岸线提供更可持续的保护。

2. 日本那霸港口环保型防波堤

2012~2014年，日本那霸港口“浦江第一防波堤”东端加设了两段60m的环保型防波堤，该环保型防波堤是指既具有防波堤的原始功能，又具有海洋生物栖息地（如潮滩、海草或海藻床和珊瑚礁）功能的结构，其主要有以下几部分特殊的构造：①蓄潮池；②近岸侧有一个凸起的土堆；③在藻井末端开凿以扩大相邻藻井之间的间隙；④在消波块、藻井垂直墙壁、装甲单元和护脚块表面加工沟槽。其中每个蓄潮池都是一个安装在藻井内侧的盒子形结构，以创建一个适合珊瑚生长的浅水区域。Tanaya等（2021）以Naha Port环保型防波堤为研究对象，对防波堤的成本效益（珊瑚覆盖面积/建设成本）进行了估算。通过比较几种防波堤类型的成本效益，确定了一种提高防波堤生态系统功能成本效益的方法。

主要参与比较的有三种不同类型的防波堤，分别为普通防波堤、在浅水深度安装蓄潮池和在较深水深安装蓄潮池的环保防波堤，通过对照防波堤的成本效益（珊瑚面积/建筑成本），发现就珊瑚生长面积而言，相较于正常防波堤（对照），浅水处有蓄潮池的环保型防波堤的珊瑚面积增加了10%，较深水处有蓄潮池的环保型防波堤的珊瑚面积增加了20%；较深水处有蓄潮池的防波堤是最具成本效益的方案，其成本效益较对照提高约10%。蓄潮池对珊瑚生长具有高效益的原因可能是蓄潮池的底层表面经过处理的影响，适合珊瑚生长的浅水区域得到了扩大。同时，研究人员还发现在一些蓄潮池底部的玻璃钢格栅上有许多立体珊瑚，可以提供复杂的三维结构，具有高度的生态系统功能，为鱼类提供庇护，并有助于增加鱼类种群。玻璃钢格栅还可以通过提供基质，促进珊瑚的吸收和生长，使珊瑚不容易受到沉降的影响；其网格结构也能阻止鱼类捕食幼珊瑚。此外，底部的表面处理也可能对珊瑚的沉降和生长有积极的影响，每单位底面的表面积，从而增加了珊瑚可以附着的面积。

3. 以混凝土为基础的生态防浪设施

混凝土防波堤是一种常见的海岸保护结构，其主要功能是吸收波浪作用，减少海浪冲击，防止海岸洪水和侵蚀。混凝土防波堤的生态性能通常很差，其中一个主要原因是防波堤截断了潮间带，其结构本身就导致当地海洋生物栖息地被破坏，海浪沿着防波堤结构冲刷和重复干扰更加剧了破坏的进程（Firth et al.，2014）。除此之外，这种防波堤的自身结构没有自然群落复杂，结构表面较低的复杂度导致生物微观尺度多样性整体下降（Rella et al.，2018）。因此学者们在改善混凝土防波堤生态性能方面进行了大量研究，主要是通过大尺度改变防波堤表面复杂度或者在骨料中加入天然材料或结构的方式实现。

Strain等（2020）通过研究混凝土表面纹理的重要性，发现具有丰富表面纹理的混凝土结构能聚集更多的鱼类、无脊椎动物和水下水生植被，还能提高海洋生物多样性。Nguyen-Ngoc等（2020）提出了一种新的海堤设计概念，通过预制空心砌块为沿海野生动物提供筑巢场所，透水和穿孔的混凝土海堤结构可以减轻其所受波浪荷载，并减少结构前的波浪反射；同时有利于外海和封闭水域之间的水流交换，起到改善水质和提高近岸生物多样性的效果，对近岸生态系统的负面影响相对较小。Ghiasian 等（2019）在一种名为 SEAHIVE 的创新海堤系统的开发过程中，研究了材料成分和结构复杂度对其防浪效果和生态性能影响。SEAHIVE 系统是一种模块化的河口海岸防护系统，由一系列穿孔管状模块组成，模块侧面的穿孔在波浪作用下为水流提供通道，消散了部分经过模块的波浪能量，也增加了结构的复杂度，从而提高了其生物相容性的潜力；同时，增加结构表面纹理还能进一步增强系统的生物相容性。

4. 格林纳达海岸保护珊瑚礁

格伦维尔（Grenville）是位于格林纳达的一个渔业社区，近几十年来，格伦维尔的沿海生态系统不断退化，部分海岸线遭受了严重的海岸线侵蚀和海岸洪水。Reguero 等（2018）介绍了一种人工礁的设计，该人工礁的目的是改善天然礁的生境和生态功能，使用篮子状的结构设计可以形成一个高孔隙度的稳定结构，促进珊瑚生长，帮助控制海岸侵蚀和沿岸洪水。在底栖藻类尚未占主导地位的地区，该人工礁可为珊瑚定植和生境恢复提供稳定的基底结构，促进珊瑚生长和天然珊瑚礁生态功能的重建；通过采用模块化的设计方案，可以适应不同的水深和海底条件；易于现场组装，稳定性高，且有足够的孔隙度来增强栖息地功能；具有可复制性，适合在小岛屿地区实施；此外，该人工礁可以直接利用当地劳动力进行安装，与传统的防波堤相比，其成本更低廉，生态系统效益更高。

5. 美国 Reefense 计划

在 2021 年初，美国国防部高级研究计划局（Defense Advanced Research Projects Agency，DARPA）提出了 Reefense 计划，该计划旨在通过对人工礁的研究，开发出具有自我修复能力的人工礁结构，减轻海岸侵蚀和破坏对美国布置在海岸的民用和国防基础设施的影响。他们所定制的防浪设施将促进钙质珊瑚礁生物（珊瑚或牡蛎）在其表面的沉降和生长，这将使其整体结构能够自我修复并与海平面随时间上升的步伐一致，该结构还将吸引一些非珊瑚生物，帮助它们维持健康并不断生长，同时兼具促进复杂海洋生态系统的形成以及改善水质等环保功能；最后，该计划通过适应性生物学研究提高珊瑚和牡蛎对疾病和温度的适应能力，以确保与不断变化的环境兼容。

我国在生态防浪设施方面的研究尚处于初步阶段，结合我国在生物海岸方面的研究基础和南海岛礁在海岸防护、生态修复方面的现实需求，这类兼具环境友好性和经济实用性的新型设计理念将有可观的应用前景。

10.5 总结与展望

通过多年的理论和实践研究证明，人工礁具有促进渔业资源增殖、保护和恢复海洋生态环境、促进滨海和海岛旅游业的发展等功能。但在其发展阶段，人工礁也曾面临或正在经受各种各样的负面影响，如因材料选用不当造成的水体污染，因布置或管理不规范造成的航行安全和过度捕捞等问题，或因设计不当未达到预期效果而导致投资浪费。本章首先从人工礁的设计入手，综述了人工礁从古至今在选材和结构设计方面逐步走向成熟的历程；随后重点介绍了国内外文献中关于人工礁水动力学特性和生态效应的相关研究方法和成果；最后就人工礁的工程应用方面以人工鱼礁、人工冲浪礁和生态防浪设施三种典型应用为例进行了介绍。通过以上综述，在汲取国内外关于人工礁发展过程中的经验和教训基础上，本章对未来我国人工礁的研究提出以下几方面的展望。

1）人工礁的选材和结构设计：目前国外针对人工礁体的选材已有了相对完善的法律法规来进行约束，我国在这方面的发展尚处于起步阶段，采用在海洋环境中稳定性好、经济性好、环境友好型的材料是我国人工礁建设的必然趋势。此外，随着现代先进制造技术的发展和人们对海洋生物认识进一步加深，采用如 3D 打印等技术手段结合生态景观融合等设计思路对礁体构型进行定制化设计制造是未来的发展方向。

2）人工礁的水动力特性和生态效应研究：物理模型实验和数值模拟技术的发展，使得精细化描述人工礁周围的流动形态成为可能。但现有的数值模型在计算人工礁结构的水动力特性时较少考虑波浪力对礁基稳定性的影响，同时也常常忽略了礁体表面粗糙度的作用。因此将人工礁的各种参数考虑到波浪模型中，仍然是人工礁水动力学建模领域亟待解决的重大问题。关于人工礁生态效应方面研究，目前我国仍以小尺度实验室研究为主，如何模拟真实的海洋环境，尤其是如何与天然礁进行对比建模分析，是未来可以探索的一个研究方向。

3）人工礁的工程应用：我国目前人工礁的工程应用以人工鱼礁为主，服务于我国的海洋牧场和蓝色粮仓建设的现实需要。但是，随着我国对岛礁海岸防灾减灾和生态岛礁建设的需求日益增加，人工礁的功能将愈发多元化。从当前国外人工礁的工程应用不难发现，人工礁的发展需要涉及环境、生物、材料、工程等多个学科领域的知识，未来需要开展跨学科交叉融合研究。

参考文献

陈丕茂，舒黎明，袁华荣，等 . 2019. 国内外海洋牧场发展历程与定义分类概述 . 水产学报，43（9）：1851-1869.

方继红，林军，杨伟，等 . 2020. 双层十字翼型人工鱼礁流场效应的数值模拟 . 上海海洋大学学报，37（7）：743-754.

高琪 . 2020. 玄武岩纤维复合材料性能特征及其在人工鱼礁中的应用 . 大连：大连理工大学 .

江艳娥，陈丕茂，林昭进，等 . 2013. 不同材料人工鱼礁生物诱集效果的比较 . 应用海洋学学报，32（3）：45-46.

姜昭阳，郭战胜，朱立新，等 . 2019. 人工鱼礁结构设计原理与研究进展 . 水产学报，43（9）：1881-1889.

旷敏，姚宇，陈仙金，等 . 2021. 采掘坑位置对珊瑚礁海岸波浪传播变形影响试验 . 热带海洋学报，40（4）：14-21.

李东，侯西勇，唐诚，等 . 2019. 人工鱼礁研究现状及未来展望 . 海洋科学，43（4）：81-87.

李珺，章守宇 . 2010. 米字型人工鱼礁流场数值模拟与水槽实验的比较 . 水产学报，34（10）：1587-1594.

李磊，陈栋，彭建新，等 . 2018. 3 种人工鱼礁模型对黑棘鲷的诱集效果研究 . 海洋渔业，40（5）：625-631.

李磊，陈栋，彭建新，等 . 2019. 不同人工鱼礁模型对黑棘鲷、中国花鲈和大黄鱼的诱集效果比较 . 大连海洋大学学报，34（3）：17-22.

李勇，洪洁漳，李辉权 . 2013. 珠江口竹洲人工鱼礁与相邻天然礁附着生物群落结构研究 . 南方水产科学，9（2）：20-26.

刘畅，肖云松，韩旭东，等 . 2018. HUT 型人工鱼礁的设计 . 科技视界，（7）：262-264.

刘洪生，马翔，章守宇，等 . 2009. 人工鱼礁流场效应的模型实验 . 水产学报，33（2）：229-236.

刘敏，董鹏，刘汉超 . 2017. 美国德克萨斯州人工鱼礁建设及对我国的启示 . 海洋开发与管理，4：21-25.

刘永虎，刘敏，田涛，等 . 2017. 侧扫声纳系统在石料人工鱼礁堆体积估算中的应用 . 水产学报，41（7）：1158-1167.

刘卓，杨纪明 . 1995. 日本海洋牧场（marine ranching）研究现状及其进展 . 现代渔业信息，10（5）：14-18.

裴琨，吴一桂，杨润琼 . 2020. 中国最早的人工鱼礁试验地——防城港市白龙珍珠湾海洋牧场人工鱼礁建设概述 . 河北渔业，6：22-27.

田方，唐衍力，唐曼，等 . 2012. 几种鱼礁模型对真鲷诱集效果的研究 . 海洋科学，36（11）：85-89.

王磊 . 2007. 人工鱼礁的优化设计和礁区布局的初步研究 . 青岛：中国海洋大学 .

王强，鄢慧丽，徐帆 . 2017. 人工鱼礁建设概述 . 水产渔业，34（3）：149-151.

吴建，拾兵，范菲菲，等 . 2011. 单排方形多孔鱼礁保滩促淤的试验研究 . 水利水运工程学报，（3）：42-47.

许强，刘维，高菲，等 . 2018. 发展中国南海热带岛礁海洋牧场——机遇、现状与展望 . 渔业科学进展，39（5）：173-180.

杨宝清，王树田，王熙杰，等 . 2007. 山东省人工鱼礁建设情况调查报告 . 齐鲁渔业，24（5）：19-21.

杨吝，刘同渝，黄汝堪 . 2005. 中国人工鱼礁的理论与实践 . 广州：广东科技出版社 .

姚宇 . 2019. 珊瑚礁海岸水动力学问题研究综述 . 水科学进展，30（1）：140-152.

张灿影，孙景春，鲁景亮，等 . 2021. 国际人工鱼礁研究现状与态势分析 . 广西科学，28（1）：1-10.

张硕，孙满昌，陈勇 . 2008. 不同高度混凝土模型礁上升流特性的定量研究 . 大连水产学院学报，（5）：353-358.

张硕，张世东，胡夫祥，等 . 2020. 六边形开口方形人工鱼礁阻力系数数值模拟与模型试验比较研究 . 中国水产科学，27（11）：1350-1359.

张伟，李纯厚，贾晓平，等 . 2009. 环境因子对大亚湾人工鱼礁上附着生物分布的影响 . 生态学报，29（8）：4053-4060.

张小霞，陈新平，米硕，等 . 2020. 我国生物海岸修复现状及展望 . 海洋通报，39（1）：1-11.

周艳波，蔡文贵，陈海刚，等 . 2010. 不同人工鱼礁模型对花尾胡椒鲷的诱集效应 . 热带海洋学报，29（3）：103-107.

Alam J F，Yamamoto T，Umino T，et al. 2020a. Modeling the efficacy of three types of artificial timber Reefs in Mitsu Bay，Japan. Water，12（7）：2013.

Alam J F，Yamamoto T，Umino T，et al. 2020b. Estimating Nitrogen and Phosphorus Cycles in a Timber Reef Deployment Area. Water，12（9）：2515.

Antsulevich A E. 1994. Artificial reefs project for improvement of water quality and environmental enhancement of Neva Bay（St. Petersburg County region）. Bulletin of Marine Science，55（2-3）：1189-1192.

Baine M. 2001. Safety Effectiveness of Highway Design Features: Cross Sections. Volume III. Ocean and Coastal Management, 44: 241-259.

Bancroft S. 1999. Performance monitoring of the Cable Station artificial surfing reef. BSc Hons Dissertation. University of Western Australia, Department of Environmental Engineering: 153.

Bohnsack J A. 1989. Are high densities of fishes at artificial reefs the result of habitat limitation or behavioral preference? Bulletin of Marine Science, 44 (2): 631-645.

Brickhill M J, Lee S Y, Connolly R M. 2005. Fishes associated with artificial reefs: Attributing changes to attraction or production using novel approaches. Journal of Fish Biology, 67: 53-71.

Cáceres I, Trung L H, Dirk van Ettinger H, et al. 2010. Wave and flow response to an artificial surf reef: laboratory measurements. Journal of Hydraulic Engineering, 136 (5): 299-310.

Chowdhury M S N, Walles B, Sharifuzzaman S M, et al. 2019. Oyster breakwater reefs promote adjacent mudflat stability and salt marsh growth in a monsoon dominated subtropical coast. Scientific Reports, 9 (1): 1-12.

Clauss G F, Habel R. 2000. Artificial reefs for coastal protection—transient viscous computation and experimental evaluation. Coastal Engineering, 2001: 1799-1812.

Coll J, Moranta J, Renones O, et al. 1998. Influence of substrate and deployment time on fish assemblages on an artificial reef at Formentera Island (Balearic Islands, western Mediterranean). Hydrobiologia, 385 (1): 139-152.

Düzbastilar F O, Şentürk U. 2009. Determining the weights of two types of artificial reefs required to resist wave action in different water depths and bottom slopes. Ocean Engineering, 36 (12-13): 900-913.

Elsharnouby B, Soliman A, Elnaggar M, et al. 2012. Study of environment friendly porous suspended breakwater for the Egyptian Northwestern Coastal. Ocean Engineering, 48: 47-58.

Fabi G, Spagnolo A, Bellan-Santini D, et al. 2011. Overview on artificial reefs in Europe. Brazilian Journal of Oceanography, 59: 155-166.

Firth L B, Thompson R C, Bohn K, et al. 2014. Between a rock and a hard place: environmental and engineering considerations when designing coastal defence structures. Coastal Engineering, 87: 122-135.

Florida Fish and Wildlife Conservation Commission. 2020. Artificial Reefs. https://myfwc.com/fishing/saltwater/artificial-reefs/ [2020-07-05].

Fujihara M, Kawachi T, Oohashi G. 1997. Physical-biological Coupled Modelling for Artificially Generated Upwelling. Transactions of The Japanese Society of Irrigation, Drainage and Rural Engineering, 65 (3): 399-410.

Ghiasian M, Rossini M, Amendolara J, et al. 2019. Test-driven design of an efficient and sustainable seawall structure. Coastal Structures: 1222-1227.

Goreau T J F G, Prong P. 2017. Biorock electric reefs grow back severely eroded beaches in months. Journal of Marine Science and Engineering, 5 (4): 7-9.

Hackradt C W, Felix-Hackradt F C, Garcia-Charton J A. 2011. Influence of habitat structure on fish assemblage of an artificial reef in southern Brazil. Marine Environmental Research, 72 (5): 235-247.

Harris L E. 2009. Artificial reefs for ecosystem restoration and coastal erosion protection with aquaculture and recreational amenities. Reef Journal, 1 (1): 1-12.

Harrison S, Rousseau M. 2020. Comparison of Artificial and Natural Reef Productivity in Nantucket Sound, MA, USA. Estuaries and Coasts, 43 (8): 2092-2105.

Jackson L, Corbett B B. 2007. Review of existing multi-functional artificial reefs. Australasian Conference on Coasts and Ports, Melbourne, Australia: 202-207.

Jackson L A, Tomlinson R, Turner I, et al. 2005. Narrowneck artificial reef; results of 4 yrs monitoring and modifications. In Proceedings of the 4th International Surfing Reef Symposium.

Jiang Z, Liang Z, Zhu L, et al. 2016. Numerical simulation of effect of guide plate on flow field of artificial reef. Ocean Engineering, 116: 236-241.

Jiao L, Yan-Xuan Z, Pi-Hai G, et al. 2017. Numerical simulation and PIV experimental study of the effect of flow fields around tube artificial reefs. Ocean Engineering, 134: 96-104.

Johnson C M. 2009. The Effect of Artificial Reef Configerations on Wave Breaking Intensity Relating to Recreational Surfing Conditions. Stellenbosch: University of Stellenbosch.

Kim J Q, Mizutani N, Iwata K. 1995. Experimental study on the local scour and embedment of fish reef by wave action in shallow water depth. Proceeding of Civil Engineering in the Ocean, 12: 243-247.

Kirkbride-SmithA E, Wheeler P M, Johnson M L. 2016. Artificial reefs and marine protected areas: a study in willingness to pay to access Folkestone Marine Reserve, Barbados, West Indies. PeerJ, (7): 1-32.

Lima J S, Zalmon I R, Love M. 2019. Overview and trends of ecological and socioeconomic research on artificial reefs. Marine Environmental Research, 145: 81-96.

Lindberg W J. 1997. Can science resolve the attraction-production issue? Fisheries, 22 (4): 10-13.

Liu T L, Su D T. 2013, Numerical analysis of the influence of reef arrangements on artificial reef flow fields. Ocean Engineering, 74: 81-89.

Liu Y, Guan C T, Zhao Y P, et al. 2012. Numerical simulation and PIV study of unsteady flow around hollow cube artificial reef with free water surface. Engineering Applications of Computational Fluid Mechanics, 6 (4): 527-540.

Lokesha-Sannasiraj S A, Sundar V. 2019. Hydrodynamic characteristics of a submerged trapezoidal artificial reef unit. Proceedings of the Institution of Mechanical Engineers, Part M: Journal of Engineering for the Maritime Environment, 233 (4): 1226-1239.

Lopes de, Almeida J P P G. 2017. Reefs: an artificial reef for wave energy harnessing and shore protection—a new concept towards multipurpose sustainable solutions. Renewable Energy, 114: 817-829.

Ly O, Yoris-NobileA I, Sebaibi N, et al. 2021. Optimisation of 3D printed concrete for artificial reefs: Biofouling and mechanical analysis. Construction and Building Materials, 272: 121649.

Ma Y, Kuang C, Han X, et al. 2020. Experimental study on the influence of an artificial reef on cross-shore morphodynamic processes of a wave-dominated beach. Water, 12 (10): 2947.

Mendonça A, Fortes C J, Capitão R, et al. 2012. Hydrodynamics around an artificial surfing reef at Leirosa, Portugal. Journal of Waterway, Port, Coastal, and Ocean Engineering, 138 (3): 226-235.

Miao Z, Xie Y. 2007. Effects of water-depth on hydrodynamic force of artificial reef. Journal of Hydrodynamics, 19 (3): 372-377.

Narayan S, Beck M W, Reguero B G, et al. 2016. The effectiveness, costs and coastal protection benefits of natural and nature-based defences. PLoS One, 11 (5): e0154735.

Nelson T. 2018. ArtificialReefs. https://www.reefdoctor.org/projects/conservation/coral-reefs/artificial-reefs/ [2018-03-10].

Nguyen-Ngoc H, Nguyen- Xuan H, Abdel- Wahab M. 2020. A numerical investigation on the use of pervious concrete for seawall structures. Ocean Engineering, 198: 106954.

Noh J, Ryu J, Lee D, et al. 2017. Distribution characteristics of the fish assemblages to varying environmental conditions in artificial reefs of the Jeju Island, Korea. Marine Pollution Bulletin, 118 (1-2): 388-396.

Oertel M, Monkemoller J, Schlenkhoff A. 2012. Artificial stationary breaking surf waves in a physical and numerical model. Journal of Hydraulic Research, 50 (3): 338-343.

Ranasinghe R, Turner I L, Symonds G. 2006. Shoreline response to multi- functional artificial surfing reefs: a numerical and physical modelling study. Coastal Engineering, 53 (7): 589-611.

Recfishwest. 2020. Artificial Reefs in Australia. https://recfishwest.org.au/our-services/artificial-reefs/ [2020-07-07].

Reguero B G, Beck M W, Agostini V N, et al. 2018. Coral reefs for coastal protection: a new methodological approach and engineering case study in Grenada. Journal of environmental management, 210: 146-161.

Rella A, Perkol- Finkel S, Neuman A, et al. 2018. Challenges in applying ecological enhancement factors into coastal and marine concrete construction. Coasts, Marine Structures and Breakwaters 2017: realising the Potential. ICE Publishing: 823-832.

Riggio S, Badalamenti F, D' Anna G. 2000. Artificial reefs in Sicily: an overview. Artificial Reefs in European Seas: 65-73.

Seaman W. 2019. Artificial reefs. Third Edition. Encyclopedia of Ocean Sciences, Elsevier Inc.

Shaw M D. 2006. Artificial Reefs: great for the Ecology and the Economy. https://www.gasdetection.com/interscan-in-the-news/magazine-articles/artificial-reefs-great-ecology-economy/ [2006-05-08].

Sherman R L, Gilliam D S, Spieler R E. 2002. Artificial reef design: Void space, complexity, and attractants. ICES Journal of Marine Science, 59: 196-200.

Smith J A, Loway M B, Suthers I M. 2015. Fish attraction to artificial reefs not always harmful: a simulation study. Ecology and Evolution, 5 (20): 4590-4602.

Spagnolo A, Cuicchi C, Punzo E, et al. 2014. Patterns of colonization and succession of benthic assemblages in two artificial substrates. Journal of Sea Research, 88: 78-86.

Srisuwan C, Rattanamanee P. 2015. Modeling of Seadome as artificial reefs for coastal wave attenuation. Ocean Engineering, 103: 198-210.

Strain E M A, Cumbo V R, Morris R L, et al. 2020. Interacting effects of habitat structure and seeding with oysters on the intertidal biodiversity of seawalls. PLoS One, 15: 1-21.

Subcommittees A R, Lukens R R, Selberg C. 2004. Guidelines for marine artificial reef materials. Atlantic and Gulf States Marine Fisheries Commissions: 1-4.

Sutton-Grier A E, Wowk K, Bamford H. 2015. Future of our coasts: the potential for natural and hybrid infrastructure to enhance the resilience of our coastal communities, economies and ecosystems. Environmental Science and Policy, 51: 137-148.

Tanaya T, Kinjo N, Okada W, et al. 2021. Improvement of the coral growth and cost-effectiveness of hybrid infrastructure by an innovative breakwater design in Naha Port, Okinawa, Japan. Coastal Engineering Journal, 63 (3): 248-262.

Ten Voorde M, Antunes do Carmo J S, Neves M G, et al. 2009. Physical and numerical STUDY of "breaker types" over an artificial reef. Journal of Coastal Research, SI56: 569-573.

Wang G, Wan R, Wang X, et al. 2018. Study on the influence of cut-opening ratio, cut-opening shape, and cut-opening number on the flow field of a cubic artificial reef. Ocean Engineering, 162: 341-352.

Yu H L, Yang W Z, Liu C D. 2020. Relationships Between Community Structure and Environmental Factors in Xixiakou Artificial Reef Area. Journal of Ocean University of China, 19 (4): 883-894.

Zalmon I R, de Sá F S, Neto E J D, et al. 2014. Impacts of artificial reef spatial configuration on infaunal community structure—Southeastern Brazil. Journal of Experimental Marine Biology and Ecology, 454: 9-17.

Zhang R, Zhang H, Liu H, et al. 2021. Differences in trophic structure and trophic pathways between artificial reef and natural reef ecosystems along the coast of the North yellow Sea, China, based on stable isotope analyses. Ecological Indicators, 125: 107476.

Zhou P, Gao Y, Zheng S. 2022. Three- dimensional numerical simulation on flow behavior behind trapezoidal artificial reefs. Ocean Engineering, 266: 112899.